JN098687

知ってますか？ますか？理系研究の "常識"

掛谷英紀

Hideki Kakeya

研究・論文・プレゼンの作法

森北出版株式会社

はじめに

　本書は、主に理系の研究室に配属されて間もない学生向けに、研究の作法、論文の書き方、プレゼンの準備の仕方など、理系研究で必要とされる共通の基礎知識を一通り学べるように書かれています。

　基本的に初学者向きですが、書かれていることの半分ぐらいは、筆者自身が学生のときには実践できていなかったレベルのことを書いています。ですので、一定以上のキャリアをお持ちの方にも参考になる記述はあるのではないかと思います。

　そのことを肌で感じていただくために、いきなりですが、クイズを出題します。

Q1 卒業論文は誰を読者と想定して書けばよいか？　　➡p.55

Q2 論文の図表のキャプションは簡潔にすべきか、それともできるだけ詳しく書くべきか？　　➡p.71

Q3 オーラル（口頭）発表の最後に、「ご清聴ありがとうございました」と書かれたスライドを用意して表示すべきか否か？　　➡p.141

　以上の質問は、本書に含まれる多数のクイズの中から抜き出したものです。これらの問いについては、人によって見解が分かれるのではないかと思います。同じ問いを、普段講義でも出しているのですが、受講生でも回答がかなり割れます。

　そもそも、Q2 については実際の論文でも方針が割れていますし、同様に Q3 についても実際の学会発表では話者により流儀が異なりま

す。こうした違いは、単に趣味の問題だとあまり気にしていない人も少なくないでしょう。

しかし、これらの問いに対して、私はこれまでの経験から、論理的に明確な根拠のある方針を見出しています。その具体的な内容を知りたい方は、ぜひ本書を読み進めていただければと思います。

上のクイズは抽象度の高い問いですが、本書のクイズの多くは、具体的な図表、文章、スライドなどの事例を見せたうえで、その問題点を見つけ、それをどのように修正すればよいかを考えてもらうタイプのものです。

クイズ形式を導入した理由は、気軽に楽しく学べるのに加え、記憶への定着を図るためです。研究、論文作成、発表のルールを単に箇条書きにして渡されても、多くの人はすぐ忘れてしまうでしょう。出題されたクイズに対して、自分の頭を使ってどうすればよいかを考え、それぞれのルールの合理性を理解することによってはじめて、普段の研究活動での実践につながると私は考えています。

この本に書いた内容は、私が普段自分の学生に指導していることをベースにしています。当たり前ですが、毎年新たに学生が入ってくるので、一人一人に同じことを繰り返し教えなくてはなりません。私に限らず、大学教員はみな、同じ苦労をしているはずです。学生が独習できそうな本を探してみましたが、どうもしっくりくるものがありません。

そこで、7年前から本書に相当する内容について、勤務先の大学で講義を始めました。全員が共通でもっていなければならない知識は、大勢の学生に講義で一度に伝える方が効率的です。ところが、講義で1回話をしただけではなかなか記憶に残らないようで、私の授業を聞いたはずの学生が、授業で伝えた注意点を無視した論文やスライドを作成してくることも少なくありません。それで、じっくり学べるように、本の形にする必要性を感じ始めました。

学会などで、私が普段学生に指導している注意点を守っていない研究発表をしばしば見ることも、執筆の動機になりました。普段、指導する学生のプレゼンテーション（プレゼン）を厳しく指導しているうちに、自分が指導する学生のスライドが、他の企業や大学の発表者のスライドよりも完成度が高くなっているのを見て、私が普段学生に言っていることを広くシェアできれば、日本人のプレゼン技術全体の向上に、ほんの少しは役に立つのではないかと考えるようになりました。

本書は、各章で以下のことについて説明します。
- 第1章：理系の研究活動を行ううえで、まず知っておくべき基本的なルール
- 第2章：日本語論文作成の基本と注意すべき事柄
- 第3章：英語論文作成の基本と注意すべき事柄
- 第4章：研究発表を上手にこなすための、スライドやポスターの作り方、話し方など

いずれも基本的なことではありますが、本書に書かれたことを全て実践すれば、普通の学生に比べると、遥かに見栄えのよい論文作成やプレゼンテーションができるようになるはずです。

また、本書では、最新のITや人工知能に基づくツールを論文作成やプレゼンの準備に役立てる方法についてもできるだけ多く盛り込みました。最近の技術の進歩には目覚ましいものがあります。これを利用しない手はありません。まだ意外に知られていないIT・人工知能の活用法も紹介していきます。

本書が、皆さんの大学での研究生活、さらには就職後のキャリアに少しでも役に立つことを願っています。

2020年5月

著　者

目次

Contents

Contents

本書に関するサポート情報は、下記 URL より入手できます。
https://www.morikita.co.jp/books/mid/097361

1章

研究の"常識"

科学とは何か

　この本では、研究の基本的作法や研究発表の上手なやり方など、大学や大学院で研究を進めていくうえで実用的に役立つ話を中心に取り上げます。しかし、その前に、まずは研究とは何かをしっかり理解しておくことが必要です。そこで、最初だけ若干堅苦しい話をさせていただきます。少々我慢してお付き合いください。

大事なことなので
少しお話を続けます

科学の定義

　科学と似非科学を明確に区別するためには、科学を
どのように定義すればよいでしょうか？

　実は、現役の科学者であっても、この問いに明確に答えられる人は
あまりいません。それでも、科学と科学でないものに何らかの境界が
あることは、多くの人は感覚的には理解しています。たとえば、星占
いが科学であると考える人はほとんどいないでしょう。

　科学の定義を論じた科学哲学者として有名なのが、カール・ポパー
(1902-1994) です。彼は、科学における命題は反証可能でなければな
らないと主張しました[1]。実験や観察によって仮説が正しいか否かが
検証できなければならないという考えです。これは、科学という活動
の必要条件を提示したものですが、十分条件にはなっていません。星
占いによる命題も、反証可能であるという点では科学に含まれうるこ
とになります。

　では、科学の理論として正しいことの十分条件を与える定義として
は、どのようなものが考えられるでしょうか。たとえば、『大辞林第
三版』では、「理論」を

　　「科学研究において、個々の現象や事実を統一的に説明し、
　　　予測する力を持つ体系的知識」

と定義しています[2]。この「**予測する力**」という記述は注目に値します。
科学においてよく知られた法則、たとえば、万有引力の法則は物体の
動きを予測することに使えます。一方、星占いの予測はしばしば外れ
ますから、この定義に従えば、星占いは科学でないと言うことができ
ます。

予測力を担保するもの

　では、科学の法則が予測力を担保できるのはどうしてでしょうか。また、科学の法則は常に予測力を持ちうるでしょうか。これを考えるうえで重要なのが、科学が前提にしている二つの仮定です[3]。

◆科学が前提にしている仮定1：再現性◆

　一つ目は、同一条件下では同じ現象が再現されるという仮定です。たとえば、地球上で物体を手放すと、空気抵抗が無視できる程度に比重の大きな物体なら、物体の質量によらず、重力加速度 9.8 m/s² の等加速度運動をします。これは何度繰り返しても、結果は同じです（図1.1）。

　では、100回繰り返して同じ結果が出たからといって、次も同じ結果になることを論理的に証明することは可能でしょうか。実は、それ

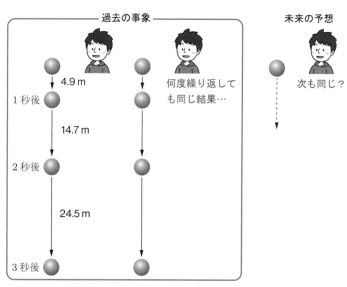

図1.1　自由落下運動と同一条件下での現象の再現性

は前提条件なしではできません。同一条件下では同じ現象が再現されるという仮定（**再現性**）を置くことが必要になります。ただし、これは仮定とはいえ、人類を裏切ったことがないといえるほどの絶大な信頼性を有する仮定です。

　科学において実験や観察をするのは、この仮定があるがゆえです。同一条件下では同じ現象が再現されるわけですから、実験条件をコントロールしておけば、将来同じ条件下で何が起こるかを予測することが可能になるわけです。

◆科学が前提にしている仮定2：法則の数理的連続性◆

　二つ目は、近い条件下では近い結果になるという仮定、すなわち**法則の数理的連続性**の仮定です。あなたが普段実験をするとき、この仮定をしていることを自覚しているでしょうか。たとえば、電流と電圧の関係を調べる実験では、いくつかの電圧下で電流を測定して、測定値の間に直線を引きます。これは、中間的な条件下では中間的な結果が得られることを仮定しているからです。

　ただし、この仮定は、一つ目の同一条件下での再現性の仮定とは違い、必ずしも成立しない場合があることが分かっています。それは、系が非線形性を含む場合です。

　簡単な例で説明しましょう。たとえば、下敷きを机の上に垂直に立てて上から押すという実験を考えます（図1.2）。この場合、どんなに厳密に垂直に立てたつもりでも、そして、どんなに正確に真上から押そうと試みても、右か左かどちらかにたわむことになります。どれほど正確な計測器を用いて位置を調整しても、これは同じです。計測器には測れない単位のぶれはどうしても生じます。とすると、下敷きがどちらにたわむかを私たちは予測することはできないということになります（非線形系の初期値鋭敏性）。ただ、「右にたわむか左にたわむかは五分五分である」という予測はできます。

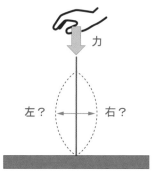

図 1.2　予測不可能な非線形現象の例（下敷きのたわみ）

　天気予報も、非線形系の初期値鋭敏性が 100％の予測を不可能にしている例です。過去に極めて近い天気図があったとしても、その過去の例とまったく違う推移をその後見せることがあるわけです。今では、天気予報で降水確率 30％といった形の予報が定着していますが、これは非線形性を考慮した予測の仕方といえます。

◆**科学の重要な特徴：普遍性**◆

　科学を考えるうえでもう一つ忘れてはならない特徴が、その**普遍性**です。先ほど、同一条件下での再現性について述べましたが、その「同一条件」の範囲を広げていくことで、より広い場面で現象を予測できる法則に拡張していくことができます。

　たとえば、上述した物体の自由落下は地球上のどこでも再現される現象です。さらに、それを発展させると、「二つの物体は、その質量の積に比例し、距離の 2 乗に反比例する力でお互い引き合う」という万有引力の法則が得られ、それが成り立つ範囲は宇宙全体に及びます。高校で習う力学が、天体の運動の予測から、機械の動きや建築物の頑健性の評価に至るまで、あらゆることに使えるのはそのためです。

科学の歴史

　科学が普遍性を目指したことは、科学が生まれた西洋文明と大いに関係します。西洋では、紀元前からアテネを中心に哲学が花開き、理性を突き詰める習慣がありました。その後、一神教のキリスト教が広まったことで、世界全体に貫かれる普遍性に関心が向くようになりました。

　この両者を結び付けたのが、トマス・アクィナス (1225 頃 -1274) をはじめとする、スコラ哲学の学者たちだと言われています[4]。その頃から、ヨーロッパでは、大学が次々設立され（図 1.3）、科学的なものの考え方が広まりました[5]。そこで多数の聖職者が貢献したのは、それが理由です。たとえば、地動説を唱えたニコラウス・コペルニクス (1473-1543) が聖職者（司祭）であったことは有名です。

　続いて、近代科学が本格的に誕生する基盤を作ったのが、フランシス・ベーコン (1561-1626) に代表されるイギリス経験論と、ルネ・デカルト (1596-1650) に代表される合理主義哲学です。前者は、実験・観察の文化の基礎を作り、後者はその結果を普遍的法則に整理するための数理的思考の基盤を作りました。それらが結びついて、アイザック・ニュートン (1642-1727) 以降の近代科学へと発展しました。

図 1.3　筆者が滞在したことのあるオクスフォード大学エクセターカレッジ。1314 年に設立されたオクスフォード大学で 4 番目に古いカレッジ。

科学と技術

　このようにして誕生した科学の手法が技術分野に取り入れられたのは、それが先述のように**予測力**と**普遍性**を持つからです。我々が普段使う人工物は、どこで使ってもその振る舞いが予測できるからこそ、安心して使うことができます。よって、技術が科学と融合して科学技術という言葉が生まれました。

　しかし、あらゆる技術が科学的な思考だけで完結すると考えるのは間違いです。先述のとおり、非線形系を扱う場合、科学的手法が必ずしも正確な予測を与えるわけではありません。現代科学技術が扱う複雑な人工物は、ほぼ全てが何らかの非線形性を内包しています。その場合、技術者の経験の蓄積や勘といったものが生きる局面もまだ多くあります。

　技術が科学と結びつく前は、技術者の経験の蓄積だけが頼りでした。そして、そうした経験の蓄積は師匠から弟子へと伝承されていきました。中世から近世にかけて形成された職業別組合のギルドが有名です。ギルドというと、封建制を象徴するものとしてマイナスイメージで語られることがほとんどです。しかしながら、実際は商品の品質保証や消費者保護の役割を担うなど、プラスの側面も持ち合わせていました[6]。

　技術の「術」を英語に訳すと art で、人間が身につける特別な技を指します。ですから、技術に限らず、医術、芸術、美術は全て art の領域です。一般に工学の世界は芸術や美術とは対極にあるように見られがちですが、個人の経験や天性が発揮される art の面もあるのです。科学的思考だけで工学における全ての問題に対処できるわけではありません。

ただし、最近は、人工知能分野でディープラーニングやデータサイエンスなどの新たな研究領域が生まれています（図1.4）。これらは、膨大に蓄積されたデータから何らかの傾向を発見しようとしている点で、熟練工と同じことを計算機にやらせようとしているものと見なすことができます。その意味で、今後は「術」の部分も徐々に科学の中に取り込まれていく時代になる可能性もあります。

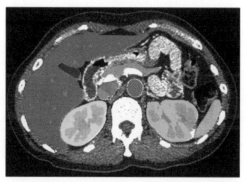

図1.4　ディープラーニングを使って、CT画像中の臓器部位を自動的に
　　　　セグメンテーションした例（筆者の論文[7]より引用）。今後、
　　　　人工知能は、医療における病変の自動検出や自動車の自動運転
　　　　など、さまざまな分野に応用されていくと予想される。

1 2 研究の方法論とデータ処理

　前節で述べたとおり、科学研究では、実験や観察を通じて、予測力のある法則を打ち立てていきます。本節では、その具体的な手続きについて見ていくことにします。

さあ、クイズで
考えてみましょう！

科学法則の立て方

下図のようなデータが得られた場合、モデルとして、直線で近似するのと、2次曲線で近似するのとどちらが適切であるかは、何を基準に決めればよいでしょうか？

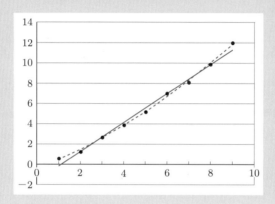

ヒント

理論とは「科学研究において、個々の現象や事実を統一的に説明し、予測する力を持つ体系的知識」でした。そこから出発して考えてみよう。

未知のデータに対して予測誤差が少ないモデルを採用する。未知のデータが新たに入手できない場合は、入手済みのデータを仮想的に「既知」のデータと「未知」のデータに分けて、「未知」のデータに対する予測誤差が少ない方のモデルを採用する（クロス・バリデーション）。

◆解説◆

　このクイズは**法則の連続性**に関するものです。研究を始める前にも、学校で理科の実験をする経験は多くあるでしょう。しかし、それらは全て先人の行った実験の追試です。たとえば、電流と電圧の関係としてオームの法則（$V = IR$，V：電圧，I：電流，R：抵抗）が成立することは事前に分かっています。ですから、実験値に対して、二乗誤差が最小になるように原点を通る回帰直線を何の疑いもなく引くわけです。

　しかし、大学の高学年になって研究室に配属される、あるいは大学院に進学すると、自分自身の研究テーマを持つことになります。研究には新規性が必要なので、これまで世界の誰もが行ったことのない実験をすることになります。もちろん、そうした実験の中には、理論として事前に予想された式が存在する場合もありますが、そういう手掛かりがまったくないような実験も存在します。そこで得られた実験結果に対しては、実験値の間を補完するのに、どのようなモデルを使用するか決定できないという事態が生じえます。

　一番理想的な解決方法は、より多くの実験を行うことです。しかしながら、現実にはそれが難しい場合もあります。そういう場合、どのような基準でモデル選択をすればよいでしょうか。

　実験値との誤差を最も小さくすればよいと考えるかもしれませんが、それは適当ではありません。たとえば、n個の実験値があった場合、

$n-1$ 次関数を使えば実験値との誤差は 0 にできます。しかし、現実にはそういうモデル化をする人はいないでしょう。これは過学習（オーバー・フィッティング）とよばれます。実験値にはノイズが含まれますが、ノイズの乗り方は観測ごとにばらつきます。そのノイズにフィッティングさせてモデルを作ると、次の観測のときに近い予測値を出すモデルを作れません。

◆クロス・バリデーション◆

では、モデル選択はどのような基準で行えばよいでしょうか。最も汎用性があって広く使われている方法は、**クロス・バリデーション**（交差検証）です。その手順は以下のようになります（図 1.5 も参照）。ここでは、1 次関数と 2 次関数のどちらのモデルを採用するかを選ぶ場合で考えます。

① まず、データを N 個のグループに分割する。

② そのうち、$N-1$ 個のグループに属するデータで、最小二乗法を使って、1 次関数と 2 次関数を生成する。

③ ②で生成された二つの関数が与える予測値と、残しておいた 1 個のグループのデータの実測値を比較して、二乗誤差を求める。

④ ②と③の手順を、N 個のグループが一度ずつテスト（バリデーションともよぶ）に回わるようにして、N 回のテストの二乗誤差の総和を 1 次関数モデルと 2 次関数モデルそれぞれで求める。

⑤ ④で求めた二乗誤差の総和が小さい方のモデルを選択する。

これを N 分割のクロス・バリデーションといいます。ちなみに、②は機械学習におけるトレーニング、③はテストに相当します。

クロス・バリデーションでは、データの一部をパラメータ推定に使わず、未知のデータの役割を与えていることになります。これにより、それぞれのモデルが未知のデータに対してどの程度の予測力があるか

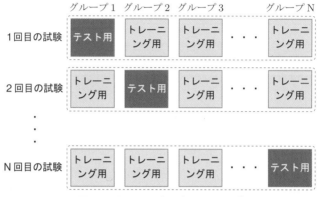

図 1.5　クロス・バリデーションの手順

を疑似的に測ることができます。そうして、「**予測する力を持つ体系的知識**」を作り上げていくわけです。

☕ **コラム**　**研究では失敗が当たり前（その 1）**

　研究室に新たな学生が入ってきたとき、よく遭遇するのが、「先生の言ったとおりにやったのにうまくいかない」という「苦情」です。

　研究室に配属される前に経験する学生実験は、全て事前に先生が仕込んでいるもので、先生に言われたとおりやればうまくいくことが保証されています。優等生は、言われたことを言われたとおりにやることには秀でていますから、実験の失敗をほとんど経験したことがないのでしょう。それと同じ感覚で研究を始めたために、先生に「苦情」を言いたくなったのだと思います。

　しかし、研究室に配属してから取り組む実験は、先生もまだやっていない実験です。本文でも述べたとおり、誰もやったことがないことをやるのが研究です。すでに先生がうまくいくことを確認していれば、それは先生の研究成果であって、それを追試してもあなたの研究成果にはなりません。

（つづく）

理科で大事なポイント

　これまで、多少難しい話をしてきましたが、より基本的なことを抑えておくことも重要です。以下では、しばしば学生が犯す基本的な間違いについて見ていくことにしましょう。

Question

下のグラフの問題点を指摘してください。

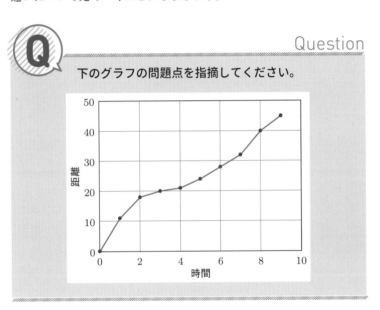

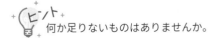
ヒント
　何か足りないものはありませんか。

単位がない。各軸について単位を示す必要がある。

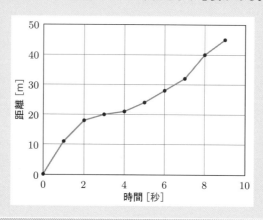

（グラフ：縦軸「距離 [m]」0〜50、横軸「時間 [秒]」0〜10）

◆解説◆

　理工系の研究は、高校までの学科でいうと理科の延長になります。中学で理科を習うとき、数学と違って理科で大事になるものは、「**単位**」であると聞いたことがある人は少なくないでしょう。この考え方は、大学における研究でも同じです。

　クイズの問いのグラフには単位が示されていません。グラフを書くときは必ず単位を示すように癖をつけておきましょう。

次に、もう一つクイズです。

Question

下の表の問題点を指摘してください。

被験者20代男女6人、試行回数30回ずつ

被験者ID	正解率（条件1）	正解率（条件2）
A	0.4	0.6333
B	0.3667	0.6
C	0.4667	0.7
D	0.5667	0.7333
E	0.5333	0.5667
F	0.3333	0.5333
平均	0.4444	0.6278

対のt検定：$p = 0.002241$

手で計算をしていた時代は、こういう問題は起きませんでした。

有効数字を考慮する必要がある。

被験者 20 代男女 6 人、試行回数 30 回ずつ

被験者 ID	正解率（条件 1）	正解率（条件 2）
A	0.40	0.63
B	0.37	0.60
C	0.47	0.70
D	0.57	0.73
E	0.53	0.57
F	0.33	0.53
平均	0.44	0.63

対の t 検定：$p = 0.0022$

◆解説◆

　理科で単位と並んで重要だと習ったものを覚えていませんか。そうです。**有効数字**です。このクイズの場合、各被験者の試行回数は 30 回ですから、有効数字は 2 桁で、それ以上の細かい数字には意味がありません（上の表では平均も 2 桁に揃えましたが、6 人の全試行回数は 180 回なので、平均は 3 桁にしても構いません）。

　今は、エクセルなどの表計算ソフトで表を作る人が多いので、とくに指定しないと、割り切れない場合は、枠に表示できるだけの桁の数字が出てきてしまいます。しかし、実験結果としてその数字をそのまま表示するのは不適切です。答えに示したとおり、検定の p 値も含め、有効数字を意識するように心がけましょう。

表計算ソフトの落とし穴

　表計算ソフトを使用するときには、有効数字以外にも気をつけなければならないことがあります。次のクイズの例を見てみましょう。

　これは、過去に私が指導した学生が実際に犯した間違いの例です。彼がゼミで発表したとき、私はすぐに間違いに気づきましたが、皆さんは気づけるでしょうか。

Question

下の表の問題点を指摘してください。

被験者20代男女6人、作業の精度を計測

被験者ID	誤差の絶対値 [cm]
A	0.25
B	0.30
C	0.10
D	0.80
E	0.55
F	0.35
平均	0.16

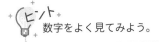

ヒント
　数字をよく見てみよう。

平均値が正しくない。以下は修正例。

被験者20代男女6人、作業の精度を計測

被験者 ID	誤差 [cm]
A	− 0.25
B	0.30
C	− 0.10
D	0.80
E	0.55
F	− 0.35
絶対値の平均	0.39

◆**解説**◆

　問いの表中の数字をよく見てください。A 〜 F の平均値が 0.16 というのはおかしいと思いませんか。

　この表を作成した学生は、表計算ソフトで計算したのだから間違いないと思っていたようです。しかし、実際には数字が違っています。なぜ、計算機を使っているのにこうした間違いが生じたのでしょうか。

　表の上に書いてあるとおり、これは作業の精度を計測する実験で、正しい値からプラスの誤差もマイナスの誤差も生じうるものでした。精度の評価基準として絶対値を採用したのですが、この表を出した学生は、表計算ソフトで絶対値をとるときに、表示機能のオプションでマイナスを消すという作業をしていたことが分かりました。そのため、データの中身は正負の符号が残ったままでした。その正負が混じったデータの平均が表示されていたので、平均値が非常に小さくなっていたのです。

◆**人間はミスをする**◆

　たしかに、計算機が計算ミスをする可能性はゼロに限りなく近いで

す。しかし、計算機を使うのは人間です。よって、人間がデータの入力をミスすることもあれば、使い方を間違うこともあります。よって、**計算機が出力したデータだからといって、そのまま信じてはいけません**。入力ミスや操作ミスの可能性は常に想定しておくべきです。

　高校までの試験では、計算機（電卓）の持ち込みが禁止されて、「計算機が進歩した今、時代遅れだなあ」と思った人も少なくないかもしれません。しかし、自分の頭で計算ができなくなった人は、上のようなミスにまったく気づかないでしょう。計算機がなくても頭の中である程度の計算ができるということは、実は今でも大変役に立つのです。

☕ コラム　研究では失敗が当たり前（その2）

　実験科学に長年取り組んできた人なら同意してもらえると思いますが、新しいことにチャレンジすると9割は失敗します。事前に色々なことを考えて準備しても、人間のやることなので何か見落としがあるものです。失敗を繰り返すことで、少しずつ見落とし部分が改善されて、ようやくまともに動くものが完成します。

　なので、勉強ができる優等生が、よい研究ができるとは限りません。むしろ、優等生は成功への最短経路ばかり追う傾向があるので、失敗の繰り返しに耐えられないことも少なくありません。逆に、勉強で苦労してきた学生は、失敗の繰り返しに耐えて、よい研究成果を出すことがよくあります。

　私はよく、実験科学の経験があれば、計画経済は信じられなくなると学生に言っています。研究に限らず、世の中のほとんど全てのことは、事前に頭で設計したとおりには進みません。それを理解していない政治家や経営者が、自分の思いつきで周りの人間を動かして、社会や会社に迷惑をかけることはよくあります。

　皆さんも、実験科学で修行をすれば、自分の思いつきがいかに欠陥に満ちたものかを自覚できるので、周りの人間に迷惑をかけない謙虚な大人になれるのではないかと思います（笑）。

3

データの適切な見せ方

データは正しく整理するだけでなく、見
やすく整理することも大事です。そこで重
要になるのが、グラフの選択です。グラフ
には、円グラフ、棒グラフ、折れ線グラフ、

散布図のような基本的なものから、レーダーチャート、三角グラフ、
箱ひげ図のような少し変わったものまで、多くの選択肢があります。

それぞれのグラフには特徴があり、どのグラフを選択するかは重要
です。たとえば、折れ線グラフは時間経過や距離の違いによる変化を
示すときは有効ですが、独立の被験者10人を対象にした実験結果を
並べて示すときには、被験者のIDの順序に意味はないので、棒グラ
フを使うべきです。

本節では、その基本からもう一歩進んだ工夫について紹介していき
ます。

適切なグラフを選ぶ

　データを適切に処理しても、それをグラフとして見せるときに選択を誤ると、実験結果の内容が正しく伝わらないことがあります。クイズを交えて、具体例を順に紹介していきます。

Q

　下の二つの円グラフは、カテゴリー A とカテゴリー B の人たちがよく読む本のジャンルを比較したものです。見づらい点を指摘し、修正案を示してください。

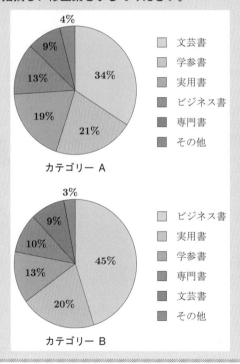

カテゴリー A

文芸書
学参書
実用書
ビジネス書
専門書
その他

4%
9%
13%
19%
21%
34%

カテゴリー B

ビジネス書
実用書
学参書
専門書
文芸書
その他

3%
9%
10%
13%
20%
45%

ヒント
　比較しやすくする方法を考えてみよう。

比較対象となる二つの図で、同じジャンルの色を統一する。

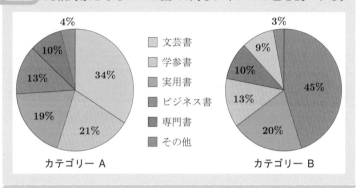

凡例:
- 文芸書
- 学参書
- 実用書
- ビジネス書
- 専門書
- その他

カテゴリー A
- 4%
- 10%
- 13%
- 19%
- 21%
- 34%

カテゴリー B
- 3%
- 9%
- 10%
- 13%
- 20%
- 45%

◆解説◆

　問いのグラフの分かりにくさの原因は、すぐ気づくのではないでしょうか。二つの円グラフとも上位から順番に色が指定されているので、上のグラフと下のグラフで、同じ本のジャンルが異なる色で塗られています。これでは、比較が一目でできません。

　比較をしやすくするには、答えのように、二つの円グラフで同じジャンルを同じ色で塗る必要があります。

次は少し複雑な例になります。

Q 　　異なる条件下での人間の作業時間を予測する研究を
しているとします。作業の条件をパラメータとして入れると、
作業時間を予測するモデルを構築したので、実際の人間の作業
時間と比べることにしました。種々の条件下での人間の作業時
間の実測値と、その条件をモデルに入力したときの作業時間の
予測値をプロットしたのが下のグラフです。
　　このグラフの問題点を指摘し、修正案を示してください。

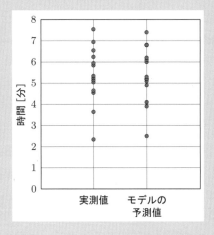

数値の対応が見やすいようにしましょう。

Answer

ペアになっているはずの個々の実測値と予測値の対応関係が分からない。修正案は以下のとおり。

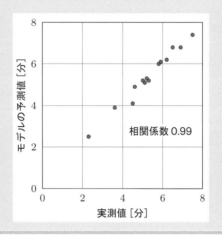

相関係数 0.99

（縦軸：モデルの予測値［分］　横軸：実測値［分］）

◆解説◆

　このクイズも、実際の学生の事例を参考に作ったものです。このグラフは明らかに選択ミスです。私が最初にこのグラフを見たとき、一瞬全ての実測値は同じ条件下で測定されていて、そのばらつきを表示しているのかと思いました。しかし、そうだとすると、モデルは常に一定の出力をするはずです。

　そこで、この実験をした学生に聞いてみると、実際には、実測値は異なる条件下で計測されており、モデルにはその条件を入力して予測される作業時間を出力したとのことでした。であれば、個々の実測値と予測値は同条件ごとにペアになっており、対応関係があるはずです。ところが、問いの図ではその関係が潰れて見えなくなっています。

　このように実測値と予測値に個別の対応関係がある場合は、散布図（答えに示した形式のグラフ）を採用するのが適当です。

問いの例はグラフの選択で著しい間違いをした非常に分かりやすい失敗例ですが、グラフの選択で小さなミスをしている事例はそれなりに多くあります。**自分の研究結果を伝えるための図表は、一度よく考えてからその形式を選択する必要があります。**

工夫されたグラフの例

　グラフの選択に工夫がされている具体例を、二つ紹介しましょう。

◆グラフ選択の工夫：レーダーチャート◆

　一つ目は、信頼しているメディア別に、国内外の種々のリスク（自然災害、犯罪、安全保障）に関する歴史や時事問題知識を問う問題の正解率を表示したグラフ（図 1.6）です。

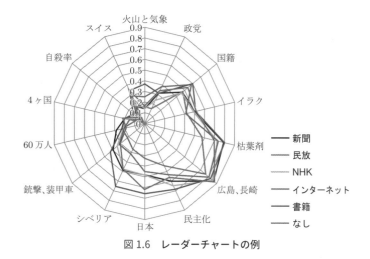

図 1.6　レーダーチャートの例

　こういう場合、一般的には棒グラフを用いたくなるところですが、図 1.6 のようなレーダーチャートにすることにより、どのメディアを

信頼している人の正答率が全体的に高いのかが一目瞭然になります。

　このレーダーチャートには、いくつか工夫があります。一つ目は、正答率の平均が高い項目を近くに寄せている点です。これにより、レーダーチャートの凹凸が小さくなり、全体的な正答率の大小比較がしやすくなっています。

　もう一つは、問題の項目を短いフレーズで表示している点です。ここでは、グラフだけを抜き出して表示しているため、それぞれのフレーズがどのような問題に対応するのかまったく分かりませんが、実際の論文では本文に問題の内容が説明されているので、正答率と問題の内容の対応関係が直感的に把握できます。なお、フレーズの代わりに問題の番号を書き入れることを考える人もいるかもしれませんが、別に対応表があったとしても、対応表との行き来が必要になり、内容の把握が難しくなります。

◆グラフ表現の工夫◆

　二つ目の例として、グラフと図を組み合わせる工夫を紹介しましょう（図 1.7）。

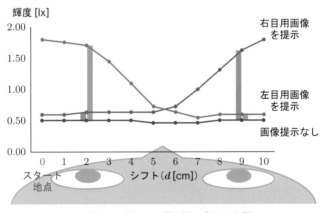

図 1.7　グラフに図を組み合わせた例

このグラフは、裸眼立体ディスプレイで、右目用の画像と左目用の画像がどのくらい混ざるかを計測した結果を示したものです。1 cm刻みの計測位置で、右目用の画像を提示したときの照度、左目用の画像を提示したときの照度、どちらも提示していないときの照度をプロットしています。

　このように、横軸に計測位置の数値だけでなく、顔画像を表示することで、計測値がどのような意味を持つかが分かりやすくなっています。

　以上に紹介した例のように、グラフ作成時に少し工夫を加えるだけで、それが示す意味が格段に分かりやすくなることは少なくありません。皆さんもぜひ自分なりの工夫を考えてみてください。

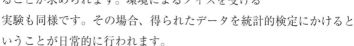

統計的手法の正しい使い方

　理工系でも、最近では被験者実験を伴う研究が増えています。人間を対象にした実験では、当然ながら個人差があり、得られたデータを統計的に処理することが求められます。環境によるノイズを受ける実験も同様です。その場合、得られたデータを統計的検定にかけるということが日常的に行われます。

　最近は、計算機とツールの進歩により、データの統計処理は非常に楽になっています。しかし、その分意味も分からないまま適当にツールを使い、結果として誤った結論を導き出す学生が頻繁に見られるようになりました。

　この節では、とくによく見られる統計の誤用の例を順に見ていこうと思います。

統計的検定の意味

データを収集して評価する研究では、統計的検定が必ずといってよいほど使われます。しかし、統計的検定の意味を理解しないまま、見よう見まねで統計的検定を使った結果、論理的におかしな主張をしてしまっているケースをしばしば見かけます。

早速ですが、一つ例を挙げましょう。

次の主張の論理的間違いを指摘してください。

提案したモデルが実測値を予測できているかどうかを調べるため、t 検定を用いてその差を評価したところ、$p = 0.24$ で有意差はなかった。よって、提案モデルの予測値は実測値と同等であることが示された。

ヒント

帰無仮説と対立仮説の意味を思い出そう。

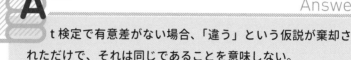

t 検定で有意差がない場合、「違う」という仮説が棄却されただけで、それは同じであることを意味しない。

◆解説 〜 統計的検定とは？◆

　このパターンの間違いは、学会発表でも時々遭遇します。この主張がなぜ間違いなのかを知るには、そもそも統計的検定とは何なのかを理解していなくてはなりません。

　統計的検定とは何かを、最も簡単な二項検定のケースで見てみましょう。例として、表と裏が等確率で出るはずのコイントスについて考えてみます。

　等確率で表と裏が出るならば、たとえば 100 回コイントスをすれば、表も裏も 50 回前後出てくるはずです。もちろん、確率なので揺らぎは生じます。公正なコインでも、表が 55 回、裏が 45 回出るぐらいの偏りは高確率で生じます。

　しかし、表が出る回数があまりに多いと、そのコインに何か細工があるのではないかと疑いたくなるでしょう。確率的には、公正なコインを 100 回投げて表が 63 回以上出る確率は 1% 未満になります。あまりに確率の低い事象の場合、「公正なコインである」という仮説（帰無仮説）は棄却して、「公正なコインではない」という仮説（対立仮説）を採用するというのが統計的検定の考え方です。

　このクイズで用いられているのは、モデルの予測値と実測値を比較する対の t 検定で、帰無仮説はその値に「差がない」、対立仮説が「差がある」という命題になります。ですから、統計的に「差がない」という仮説を退けて、「差がある」と結論づけるのが、その正しい使い方です。

◆統計的検定の注意点◆

クイズの問いの例では、「差がない」は否定されませんでした。「差がない」が否定されていない状態とは、「差がある」かもしれないし「差がない」かもしれない状態で、「差がない」が肯定されている状態ではありません。

統計的検定の場合、標本の数が多くなるほど、母集団の間にわずかな差しかない場合でも、検定で有意差は出やすくなります。ですから、標本数が少ないために、本来差があるのに、その差が統計的に明確になっていないだけかもしれないのです。

検定には、ここに紹介した二項検定やt検定以外にもさまざまなものがあります（表1.1参照）。自分が使う検定について、その意味をよく理解して正しい使い方をするように心がけてください。

表1.1　よく使われる検定

検定の種類	内　容
t検定	主に、二つの母集団の平均値が異なるかどうかを調べるのに用いられる（2標本t検定）。二つの母集団で分散が違わないことを前提としている。また、2変数の相関の有無を調べるのにも用いられる。
順位和検定	順序量（好き、普通、嫌いなど）で平均が求められないものについて、二つの母集団での違いの有無を調べるのに用いられる。
χ^2乗検定	クロス集計に対する検定で、集計値が集団（カテゴリ）の違いによらず独立かどうかを調べるのに用いられる。
F検定	母集団の分散が異なるかどうかを調べるのに用いられる。2標本t検定の前に、集団による分散の違いの有無を確認するために使われることが多い。

恣意性の排除

次に紹介するのは社会科学の事例ですが、どの研究分野の人にも分かりやすい例なので、あえて取り上げることにします。

Q 1995 年からの 10 年間で少子化対策として約 2 兆 5 千億円の国家予算が投じられたエンゼルプラン・新エンゼルプランでは、保育所の増設をはじめ、働きながら子育てをできる環境づくりのために多くの予算が使われました。この政策継続の根拠となったのが、下図に示す女性の労働力率が高いほど合計特殊出生率が高いという統計です。その相関は、t 検定においても有意な差があります。

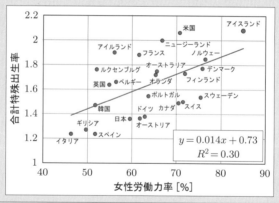

$$y = 0.014x + 0.73$$
$$R^2 = 0.30$$

※ OECD 加盟国で一人あたり GDP が 1 万ドル以上の国における、女性労働力率（15-64 歳）と出生率の相関（2000 年）

しかし，実際はこの分析を根拠とした政策はまったく効果を挙げず、出生率は低下し続けました。そもそも、上図の統計手法には学術的に大きな問題があります。それを指摘してください。

ヒント

恣意的な統計データの見せ方として有名なものに、データの一部を
とりだすこと（例1）と、軸の数字のとり方を操作すること（例2）
があります。ここでの問題点は前者に近いです。

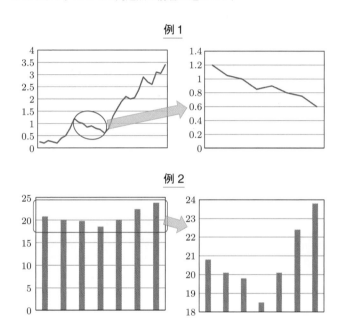

例1

例2

国の抽出（サンプリング）基準が恣意的である。

◆**解説**◆

　統計処理における意図的な操作で最もオーソドックスな方法は、都合のよい標本抽出を行うことです。問いの図では、先進国における女性労働力率と合計特殊出生率の関係を調べるために、OECD 加盟国で一人あたりの GDP が 1 万ドル以上の 24 ヶ国を選び出しています。

　この分析において、先進国（OECD 加盟国）のみを対象にするのは自然なことです。この分析の目標は、日本における少子化問題の解決ですから、先進国である日本に近い国を選ぶことに合理性はあります。

　しかし、ここで問題となるのが、先進国の定義の方法です。先進国の定義は、この問いで用いられたもの以外にも色々考えられます。たとえば、一人あたりの GDP が 1 万ドル以上の国を対象にするといったときの 1 万ドルという閾値に、意味のある根拠があるでしょうか。

　日本の当時の一人あたりの GDP は 3 万ドルを超えています。であれば、当時一人あたりの GDP が 2 万ドルを超えている国で、さらに国の人口が 100 万人に満たない小国は除いて分析した方が、日本により近い国だけを対象にした分析になると考えられます。

◆**標本抽出の仕方を変えてグラフ化してみると…**◆

　そこで、上の「人口が 100 万人以上で一人あたりの GDP が 2 万ドル以上」というのを先進国の基準と定義して、相関分析を行ってみましょう。すると、図 1.8 のように、正の相関は完全に消え失せてしまいます。他にも、先進国の基準としていくつかの定義が考えられますが、t 検定で有意な正の相関が現れる定義はほとんどありません。

　ちなみに、国の選び方を工夫すると、合計特殊出生率と遥かに相関の高い指標を探すこともできます。たとえば、OECD 加盟国のうち、

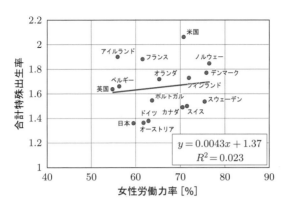

図 1.8　OECD 加盟国で人口が 100 万人以上、一人あたり GDP が 2 万ドル以上
の国における、女性労働力率（15-64 歳）と出生率の相関（2000 年）

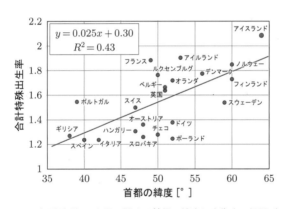

図 1.9　OECD 加盟欧州 22 カ国に関する首都の緯度と出生率の相関（2000 年）

文化的に近いヨーロッパの国だけを選び、その国の首都の緯度と出生率の関係を見てみましょう。すると、図 1.9 のように、$R^2 = 0.43$ という、より高い決定係数（相関係数の 2 乗）が得られます。

しかし、この結果を見て、日本で首都を札幌に遷都すれば少子化が解決すると思う人はいないはずです。**相関は因果関係を表さない**からです。これは、統計を扱ううえで決して忘れてはならないことです。

◆サンプリングの恣意性の例◆

　ここで例示したサンプリング（抽出）の恣意性は、社会科学系特有の問題で、自然科学には縁がないと思うかもしれません。しかし、現実にはそうではありません。

　しばしば見かける例として、製作したシステムの被験者評価実験において、統計的有意差が出るまで徐々に被験者数を増やしていくという手続きがあります。被験者実験を重ね、有意差が出た瞬間に、それ以上被験者数を増やすのを止めるという手を使って、統計的に有意差が出たと主張するのも、上で挙げた事例と同種の恣意的サンプリングに該当します。

　たとえば、有意水準5%に設定して統計的検定を行う場合を考えます。一般の検定は、サンプリングがランダムのときに、対象とする現象が生じる確率が5%以下かどうかを判定するようにデザインされています。複雑な言い方になりますが、母集団の分布に偏りがない場合でも、徐々に被験者数を増やしていったときに、途中で1度だけ検定の p 値が5%以下に達する確率は、5%以下ではありません。

　もちろん、ある事情で最初は被験者数が少なかったが、のちに協力者が増えて被験者実験を追加できるケースはあると思います。単に被験者を追加するだけなら問題ないのですが、その場合も何人増やすと最初に決めておいて、途中で検定の結果がどうなっているかに関わらず、決めた人数分は追加実験を続ける必要があります。それで全員分の実験が終わった後に、統計的有意差があるかどうかを評価するのが正しい手順です。

相関関係と因果関係

　前述のとおり、サンプリングに恣意性がない場合でも、相関関係があるからといって因果関係があるとは限りません。そして、因果関係

があるとしても、どちらが原因でどちらが結果か、つまり因果関係の向きを判定するのは簡単ではありません。因果関係の向きについて、下の図1.10を例に考えてみましょう[8]。家族・子供向け公的支出額がGDPに占める割合と、合計特殊出生率の間には、正の相関があります。

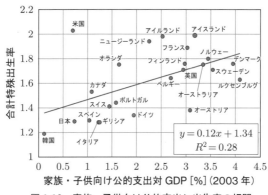

図 1.10　家族・子供向け公的支出と出生率の相関

この相関については2通りの解釈が成り立ちます。一つは、出生率が増え、子どもの数が増えた結果、公的支援額が増えたという解釈です。もう一つは、育児に対する公的支援が増えた結果、子どもを持とうとする人が増えたという解釈です。このケースは、どちらの解釈にも説得力があります。では、因果関係の向きに関してクイズです。

Q

Question

　上のような、家族・子供向け公的支出と合計特殊出生率のデータが複数年分入手できたとします。このとき、そのデータだけから因果関係は推定できるでしょうか。できる場合、どのようにすればよいでしょうか。

推定できる場合がある。

国ごとに、家族・子供向け公的支出と合計特殊出生率の経年推移をプロットする。それぞれの増減について、前者の変化が後者の変化に先行していれば、前者が原因で後者が結果である可能性が高い。前者と後者が逆の場合も同様。

◆解説◆

因果関係を考えるうえで、一つ有力な検証方法があります。それは、時系列的な変化を見る方法です。当然、因果関係にあるものは、原因が先にあり、結果がその後についてくる形になります。ですから、時系列データがある場合は、相関のある二つの事象のどちらが先行し、どちらが後を追っているかを調べればよいわけです。

以下、具体例を見てみましょう。

デンマークとフランスについて、育児への公的支援と出生率の変化を追ったデータを図 1.11 に示します[8]。1990 年以降のフランスは公的支援増加が出生率増加に先行しているように見えることから、前者が後者の要因になっていると考えられます。

そもそも、育児支援の支出は、一般的に出生時点以降もしばらく続くので、出生率の増加に伴う子どもの増加で育児支援の公的支出が増える場合、その立ち上がりは出生増加から少し遅れを伴って増加すると考えられます。反対に、育児への公的支援支出の立ち上がりを追って出生が増加しているという関係は、前者が後者に対する一定の効果を持つ可能性が高いことを示していると言えます。

一方、1980 年代前半の両国における育児支援支出の減少は、出生率の減少を後追いしています。この変化は出生率の減少による子どもの数の減少が原因となり、育児支援支出の額の減少につながっていると推察することができます。

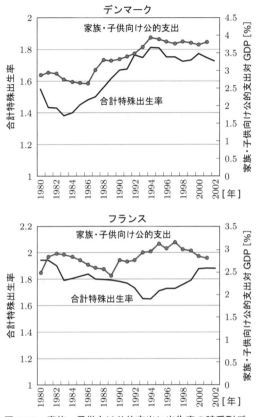

図 1.11　家族・子供向け公的支出と出生率の時系列データ

　もちろん、本格的な分析においては、各国がどの時点で具体的にどのような政策変更を行ったかについての情報収集を行い、その情報と合わせてこの時系列変化を解釈することが望ましいでしょう。

　以上、社会科学の例で説明しましたが、統計の恣意的な使用や、相関関係と因果関係の取り違えは、理系の研究でもしばしば起きます。皆さんも、この種の間違いをしないように十分注意してください。

5

研究倫理の基礎知識

　従来、研究者の不正といえば、不正経理などの金銭的なものが大半を占めていました。しかし、最近では、研究活動そのものの不正が注目されるようになっています。

　その背景には、論文数や論文引用数など、研究が数字で評価される社会になり、研究者間の競争が激化していることが挙げられます。研究費の配分も競争的資金偏重になっており、競争に勝てなければ研究の継続すら難しいのが現状です。そのため、不正な手を使ってでも研究成果を作りたいという誘惑が強くなっているのは、否定できません。

　STAP細胞事件（2014年）で研究不正が社会的に大きな注目を集めて以降、研究現場での倫理教育が盛んになっています。これまでも何らかの研究倫理教育を受けた人は少なくないでしょう。そういう人にとっては繰り返しになるかもしれませんが、本節では、研究倫理について基本的な事項を整理しておこうと思います。

捏造・改竄・剽窃

研究不正で最も代表的なものは、**捏造**（ねつぞう，Fabrication）、**改竄**（かいざん，Falsification）、**剽窃**（ひょうせつ，Plagiarism）の三つです。三つの英語の頭文字をとって**FFP**と略されることもあります。

◆捏造と改竄について◆

捏造とは、実施していない実験をあたかも実施したかのように論文に書いたり、研究発表したりすることです。

改竄は、実施した実験のデータの一部を自分に都合のよいように書き換えることです。画像などをデジタル的に改変する道具の充実に伴い、論文中の図の改竄がしばしば発覚するようになっています。

捏造と改竄が研究において許されない行為であることは、本章の最初に述べた科学の定義に立ち戻れば明らかです。科学とは、予測力のある体系的知識を目的とした活動です。当然ながら、捏造や改竄を伴うデータをもとにした知見は、予測力を持ちえません。このことは、しばしば「再現性がない」という表現で言及されます。

◆剽窃について◆

剽窃は難しい言葉ですが、いわゆる**盗作・盗用**のことです。つまり、他人の成果物（研究結果、アイデア、文章、図など）をそのまま、無断で自分のものに取り込む行為です。他人の成果をあたかも自分がやったかのようにするのが許されないのは当然でしょう。中でも、文章や図の「**コピペ**（コピー・アンド・ペースト、copy & paste）」は最も頻繁に見られる剽窃行為です。今では、文章の剽窃を自動的に検出するソフトウェアも使われるようになっています。

なお、出典を明示して、他人の著作物を引用することは可能です。ただし、引用部分が引用であることが誰の目にも分かるようにする必要があります。これは、論文だけでなく、研究発表のスライドやポス

ターについても同じです。

　しばしば、他人の作った図をインターネットで拾ってきて、何のことわりもなく自分のスライドに使う人がいますが、これも剽窃に当たります。ネット上の図を自分のスライドに含めるときにも、必ずその図の引用元を明示することが求められます。

◆剽窃の禁止と健全な研究活動◆

　剽窃は、主に著作権保護の観点から禁止される行為といえます。しかし、研究の健全性維持とも無関係ではありません。

　研究は人間のやることですから、悪意がなくても間違うことがあります。先人の仕事を単にコピペしているだけでは、その内容に何か問題があっても、誰も気づかないまま長い年月が経過してしまいます。出典を明示し、先行研究を遡れるようにすることには、研究の間違いが軌道修正されやすくする意義もあります。

　剽窃については、今後、社会的に判断が難しい問題に直面する可能性があります。それは、翻訳ソフトの進化による問題です。ある英語の論文を自動翻訳で訳した文章を自分の論文に使った場合、剽窃にあたるのか否かについて、今のところは定まった見解がありません。

＜　疑わしい研究活動

　上述した捏造、改竄、剽窃は、いずれも明らかな研究不正と認定される行為です。しかし、他にもグレーゾーンの行為は多くあります。それらは **QRP**（Questionable Research Practice）とよばれます。QRP には色々ありますが、以下に代表的なものを挙げます。

① ギフト・オーサー（Gift Author）

　実際には研究には参画していないのに、ある人の実績のカウントを増やすために、その人を論文の著者（オーサー）として加える行為のことをギフト・オーサーといいます。

　オーサーシップに関しては、他にも論文の査読を通しやすくするために有名研究者を著者に加えるゲスト・オーサー、実際には研究に参画しているのに、利益相反の問題を隠すために著者として名前を掲載しないゴースト・オーサーなどの行為も QRP に該当します。

② サラミ出版（Salami Publication）

　論文誌では同じ内容で異なる雑誌に投稿する行為（多重投稿）は禁止されています。そこで、同じ研究について内容を細かく切り分けて多くの論文を作成し、論文数の実績を増やそうとする行為を、サラミを細かく切りわけることに喩えて、サラミ出版とよびます。

③ No Show

　No Show とはその名のとおり、学会で発表することになっているのに、会場で発表しない行為のことです。

　工学系では、学会の前にプロシーディング（予稿集）論文を提出することが一般的です。その論文は学術雑誌の論文と同程度の分量を求められることもあり、有名な国際会議のプロシーディング論文であれば、学術雑誌論文と同等の実績としてカウントされることもあります。

プロシーディング論文は学会の会場で配られることも多く、その場合は、実際に学会に参加しなくてもプロシーディング論文は実績として残ることになります。

　ポスター発表の場合にも、ポスターが貼られていない No　Show があります。さらには、ポスターを貼っているだけで、発表時間に本人が現れないこともあります。俗に「貼り逃げ」とよばれる行為です。ポスターを知人に預け、貼ってもらうだけで自分は学会に参加しない行為も同様です。ポスター発表はオーラル発表と違って、No Show の判断がしにくいという問題がありますが、こうした行為も QRP に該当するでしょう。

④ 誇大広告（Hype）

　①～③については、そうした行為に及んでいない研究者の方が多数派であると思われます。しかし、誇大広告は、厳密には、現在ほとんどの研究者が犯している行為であると言えるでしょう。

　上でも述べましたが、研究配分が競争的資金に偏重していく中で、できそうもないことができると研究費申請書に書いて、研究予算を獲得することは、日常茶飯事になっています。

　代表例は、地震予知ができると主張して、長年多額の予算を獲得してきた地震学です。この分野の研究者の一人である東京大学名誉教授のロバート・ゲラー氏は、地震予知ができないと分かっていながら、地震予知を名目に予算を取り続けてきたことについて、内部から批判の声を上げています[9]。こうした研究者による誇大広告は、地震学以外の学問分野でも頻繁に見られる行為です[10]。

　誇大広告行為は、今のところそれにコミットしている研究者が多数派であるため、あまり大きな問題にはなっていませんが、今後 QRP の一つとして注目されていく可能性はあります。

コラム　理系の人間はまだ真面目な方？

　ここで書く話をするとき、私は映画の『マトリックス』（1999）の話をします。主人公のネオに対し、モーフィウスはこう言います。

> 「青い錠剤を飲んだら、これまでどおり自分の信じたいことを
> 信じて生きていける。赤い錠剤を飲んだら、謎の世界に留まり
> 続ける。そして、その世界の闇がどれだけ深いか教えてやる。」

　もし、あなたが青い錠剤を飲みたいタイプなら、このコラムは読み飛ばしてください。赤い錠剤を飲みたい人に、社会の闇をお見せするのがこのコラムの目的です。

　現在、理系研究者や技術系企業の不正行為がしばしば問題になっています。しかし、表題に挙げたとおり、社会全体を見渡したとき、理系の研究者や技術者はまだ真面目な方です。世の中にはもっと汚いことが山ほどあります。

　研究倫理の観点で見ると、文系の研究者の倫理規範は、理系の研究者より遥かに低くとどまっています。一つ例を挙げましょう。社会学の研究者へのインタビューを収録した本『古市くん、社会学を学び直しなさい!!』[11] の pp.74-75 に、次のような記述があります。

> 上野：研究がエビデンスに基づくということは、敵を正確に
> 　　　知ること。（中略）だから戦略的に動きますよ。（中略）
> 　　　本当のことを言わないこともある。
> 古市：つまり、データを出さないこともある？
> 上野：もちろんです。

　ここで登場する上野千鶴子氏は有名な社会学者ですが、これと同じことを理系の研究者が言ったら、間違いなく大問題になります。ところが、この発言が研究者仲間からまったく咎められないわけですから、彼らの研究倫理規範がいかに理系のそれとかけ離れているかが分かります。

もちろん、文系研究者の全員がこのようにいい加減というわけではありません。公正にデータを取り扱う真面目な研究者も多数います。ただ、上述の上野氏と同じスタンスの研究者も一定の割合でいるのが現実です。

　理系の学生も大学で文系の授業を受けますから、運悪くこういう先生に遭遇することがあるかもしれません。けれども、理系の研究では前述した上野氏のような態度は一切認められませんので、こういう発言に感化されて、不利なデータは出さなくてよいという考えを持たないようにしていただきたいと思います。

2 章

卒論・投稿論文の
"常識"

読者は誰かを考える

　文章には必ず読み手がいます。けれども、日本の学校教育で、読み手を意識して作文を書くように指導されることはほとんどないと思います。学校で課される作文の多くは、〇字以上、原稿用紙△枚以上といった字数制限が付けられます。そのため、いかに字数を引き延ばすかを考える悪い癖がついてしまっているケースもしばしば見受けられます。読み手は多くの場合は先生で、とりあえず先生に怒られない程度に文章を書いておこうと考えている生徒が大半ではないでしょうか。

　しかし、実社会で文章を書く場合、そこには必ず何らかの目的があります。当然、目的次第で読者もまったく異なります。具体的な読者がいることを想定すれば、必要な情報が伝わる限りにおいて、字数はできるだけ少ない方が読者への負担は軽減されることが分かるでしょう。

上意下達と下意上達

　大学では、多くのレポート課題が課せられます。これまで数多くのレポートをこなしてきた読者もいるでしょう。私も大学の教員として、多くのレポートを見てきました。けれども、読者を想定した書き方をしている人にはほとんど遭遇しません。

　次のクイズで、レポートの場合にどんな読者を想定し、どのように文章を書くとよいか見てみましょう。

Q Question

　　　　授業のレポートで、あるテーマについて自分の意見を述べることを課せられた場合、次のどの文章を手本にすればよいでしょうか？

　(a) 新聞の社説
　(b) 大学の先生が書いた解説記事
　(c) 学生懸賞論文の入選作品

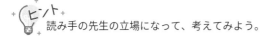

ヒント

　読み手の先生の立場になって、考えてみよう。

(c) 学生懸賞論文の入選作品

◆解説 〜 読み手は先生◆

　レポートの場合、読者は課題を出している教員です。これは明らかです。ところが、論争的なテーマについて自分の意見を述べるとき、多くの人は新聞の社説を真似た書き方をします。これは読者を意識した書き方であるとはいえません。新聞の社説は**上意下達**の文章です。社説の書き手は新聞の読者よりも物を知っていると考えており、それを知らない人に伝えようという立場で書かれています。大学の先生が書く解説記事も同様です。

　一方、大学でレポートが課される場合、それを課す教員は通常そのテーマに関するエキスパートです。ですから、ネットで検索して上位に出てきた情報だけを頼りに意見をするようなレポートを上意下達の文章で書いても、先生にとってはまったく説得力がないのです。先生向けには**下意上達型**の文章を書くべきです。

◆解説 〜 下意上達型の文章のポイント◆

　では、どのようなレポートを書くと高く評価される可能性が高いでしょうか。重要なポイントは、

- 読者が今まで知らなかったであろう情報を提供すること
- 読者が今まで思いつかなかったであろう視点を提示すること

です。先生も人間ですから、知らないことはたくさんあります。その先生のバックグラウンドから推測して、こういうことは知らないのではないかという点を探すことは可能です。

　すでに知っている情報には、情報としての価値がありません。ですから、相手にとって価値のある情報を提供することが、高評価を得るのに必要不可欠になります。とくに、相手が知的好奇心旺盛な人種の場合はそうです。これが、下意上達型コミュニケーションの極意です。

実は、ほとんどの人にとって社会に出てからも役に立つのは、下意上達型の文章を上手に書く能力です。上意下達型の文章を書く機会が多いのは、マスコミで働く人や企業の幹部などで、多くの人は若いうちは下意上達型の文章しか仕事で書く機会はほとんどないでしょう。

　ちなみに、学生の皆さんに対して、いつも上から目線で話している大学の先生も、下意上達型の文章を書く能力が求められることがあります。それは、研究予算申請書を書く場合です。1.5節で述べたとおり、現在、大学の研究費は競争的資金の占める割合が非常に多くなっており、研究予算申請を通さないと、まともに研究を継続できない状況になっています。予算申請時は、審査員に対して説得力のある作文をすることが必要になります。ここで、下意上達型の作文能力は大いに力を発揮します。

◆解説 〜 懸賞論文が手本になる◆

　問題は、私たちが普段暮らしをしている中で、下意上達型の文章を見る機会は極めて限られていることです。当然ながら、下意上達型の文章は「上」の人に向けて書かれているわけですから、私たち下々の者の目に触れる機会はあまり多くありません。それでも、よく探すと、下意上達型の作文の手本を見つけることが可能です。

　学生時代に下意上達型の文章を最も磨くことができるのは、懸賞論文です。懸賞論文とは、主に企業や団体が特定のテーマに沿った論文を懸賞付きで募集するもので、大学の掲示板などで募集のポスターを見たことがある人も多いでしょう。学生懸賞論文の場合、当然ながら審査員はお偉い先生方ですから、そういう人に評価されるように作文しなければなりません。これは典型的な下意上達型の文章です。懸賞論文によっては、入選作品を公開していますから、下意上達型の作文のよい手本にすることができるでしょう。これがクイズの答えです。

・下意上達
・懸賞論文

　私自身、学生時代に懸賞論文にかなりの数、応募しました。結果として、合計数十万円の賞金といくつかの景品を手に入れることができました。ただ、そのときに得た金品よりも、その後の人生で書いた本の印税や研究の競争的資金など、そこで鍛えた文章力で後に得たものの価値の方が遥かに大きなものになっています。

　私は一時期大学で、「公募論文作文実習」という科目を開設していました。作文を書いてもらい、それを添削して懸賞論文に応募するという科目です。残念ながら、受講者はそれほど多くありませんでした。多くの大学生にとって、4000字あるいは8000字という長文を書くのはかなりハードルが高いようです。

　ただ、文章を書くスピードは、慣れによってかなり高速化します。私の場合、学生時代は、4000〜8000字の作文をするのに最低2,3週間は必要でした。しかし，今ならば、内容にもよりますが、ほとんどの場合1日あれば書くことができます。ですから、時間が十分ある学生時代に、文章を書く練習を積んでおくことは、社会人になってから大いに役立つと思います。余裕のある人は懸賞論文にも、ぜひ挑戦してみてください。

意外に見落とされる隠れた読者

前のクイズで読者は誰かを考えることの重要性について述べましたが、そこでの読者は先生であることが明らかでした。ところが、読者が誰かが分かりにくい文章もあります。

Question

卒業論文は誰を読者と想定して書けばよいでしょうか？

あなたの書いた卒業論文を、最も真剣に読んでくれる人は誰でしょうか。研究室に所属している人、所属していたことのある人は、自分が研究室に新たに加入したときのことを思い出してください

研究室の後輩

◆解説◆

このクイズの問いは、学生が卒業論文を書く季節になったとき、毎年学生に聞く質問ですが、正解を答えられる人はほとんどいません。多くの学生は、指導教員の先生が読者だと思っているようです。しかし、指導教員は、卒論生の研究内容を詳細に把握しています。ですから、指導教員に対して、卒業研究として行った内容をあらためて伝える必要はありません。

あなたの書いた卒業論文を最も真剣に読んでくれる人は誰でしょうか。自分が研究室配属されたときのことを思い出してください。先輩の書いた論文を一生懸命読みませんでしたか。そうです。あなたの卒業論文を最も真剣に読んでくれるのは、**その研究を引き継ぐ後輩**です。

このことは、修士論文や博士論文にも当てはまります。ただし、修士論文と博士論文は、指導教員以外に副査の先生が審査に入りますので、副査の先生も読者として想定しておく必要があります。それでも、最も真剣に論文を読んでくれるのは研究を引き継ぐ後輩たちであることに変わりはありません。

私は、卒業論文は「後輩たちへのラブレター」だと思って書いてほしいと学生に伝えています。自分が先輩の論文を読んだときに分かりにくくて苦労した経験を踏まえ、同じ苦しみを後輩たちに与えないように、ぜひ正確で分かりやすい論文を書いてあげてください。

文章で伝えることの意義

　理系の学生で文章を書くのが好きな人はほとんどいません。中には、文章で伝えることの意義を見出せない人もいます。そういう人は、わざわざ文章にしなくても、話して伝えればよいのではないか、と考えているようです。

　文章の長所はその記録性です。音声レコーダやビデオレコーダーのない時代、文書として残すことは後世に情報を確実に伝える唯一の手段でした。その後、印刷技術の発明により、情報を同時に広く伝える頒布性という強力な武器も手に入れました。しかしながら、今では情報ネットワーク技術が格段に進歩し、音声や動画も瞬時に世界中に拡散できる時代になっています。よって、わざわざ文章にせずとも、情報を伝えられることは確かです。

　そういう時代になっても、文章の方が優れている点があります。それは、人間は文章を通じて、音声や動画よりも短時間で多くのテキスト情報を読み込めることです。たとえば1時間の講演動画を見るのには1時間かかります。早送り機能を使えば40分程度には短縮できるかもしれませんが、それ以上早送りすると、内容を聞き取るのは難しくなります。一方、1時間の講演を文字おこししたものは、内容にもよりますが、10〜20分あれば読み切ることが可能です。ですから、IT技術が日進月歩の時代においても、文章によるコミュニケーションが消えることが、少なくとも近未来に起こることはないでしょう。

　ただ、読者に正確に伝わる文章を書くというのは、実はかなり高度な技術です。普通の人は、まともな文章は書けません。たとえば、タレントが著者の本は多数出版されていますが、そういう本はタレントの話したことをプロのライターが文章に編集して出版していることがほとんどです。

　数少ない例外の一つが、田村麒麟著『ホームレス中学生』（ワニブックス）です。この本は、著者の特異な体験を本にする企画が出版社から持ち込まれたとき、本人が自分で書くことを条件に承諾したという経緯があるそうです。実際、読んでみると、普通に出版されている本とはまったく違う日本語です。これはこれで味があってよいのですが、

説明文や議論文をこの日本語で書くわけにはいきません。

　つまり、社会で通じるレベルの説明文や議論文を書くには、それなりの訓練が必要なのです。実際、大学の研究室に新たに配属された4年生や修士1年生に作文をさせると、通じるレベルの日本語が書ける学生は2、3割しかいません。卒業研究の1～2年間、さらには修士課程の2年間は、社会に出る前に文章力を磨く絶好のチャンスです。

　社会に出ると忙しくなりますから、それから文章力を鍛えるのは大変です。しかし、地位が上がるにつれ、文章で情報を伝達しなければならなくなる機会は増えます。私は学生によく「部長以上になりたければ文章力を磨け」といっています。直属の部下しかいないうちは、言葉で直接伝えることが可能です。ところが、いくつかの課を束ねる管理職になると、全員に直接会って話すことは難しいので、文章で伝えなければならないことが多くなります。ですから、とくに将来出世したい人は（今の時代、そういう人は減っているようですが）、時間がある学生のうちに、ぜひ文章力を鍛えて欲しいと思います。

学生のうちに鍛えておこう！

事実と意見を書き分ける

　文章にはさまざまなものがあります。当然、文章の種類によって、その書き方は変わります。ですから、自分が今から書こうとする文章がどの分類に属するのかを理解しておくことが重要です。

Question

　　　　　文章は4種類に大別することができます。研究論文と同じ分類に入るのは、次のどの文章でしょうか？

(a) 推理小説

(b) 日記

(c) 新聞社説

(d) 調査報告書

ヒント

　アメリカの大学では、コンポジション（Composition, 作文）の講義が一般的に行われています。コンポジションでは、文章を次の4種類に分けるのが一般的です[12]。

　(a)　物語文（narrative writing）

　(b)　描写文（descriptive writing）

　(c)　議論文（argumentative / persuasive writing）

　(d)　説明文（expository writing）

研究論文はどれに属するか考えてみよう。

(d) 調査報告書

◆**解説**◆

　ヒントに挙げた4種類の文章のうち、理系の人間が仕事で書くのは議論文と説明文になります。「上意下達と下意上達」の項目で取り上げた懸賞論文などの小論文や研究予算申請書は議論文です。会社に就職すると、企画書を書く機会が多いと思いますが、これも議論文です。

　一方、説明文に含まれるものは、実験のレポート、研究論文、技術報告書を含む各種報告書、製品マニュアル、特許明細書など、理系に限っても多種多様です。説明文は、理系の人間が最も関わる機会の多い種類の文章といえるでしょう。クイズで選択肢のうちの調査報告書も説明文の一種ですから、クイズの答えは（d）となります。

◆**説明文について**◆

　同じ理系の人間が書く文章でも、議論文と説明文では書き方が異なります（表2.1）。議論文の目的は、自分の提案や主張に対して読者の賛同を得ることです。ですから、よい議論文を書くうえでは、**読者の意見の分布**を想定することが重要です。

　一方、説明文の目的は、何らかの事実を読者が正確に理解できるように伝えることです。よって、その目的を達するためには、**読者の知識レベルの分布**を想定することが大事になります。同じ事実を伝える場合でも、読者によって書き方を変えなければ、正確に伝えるという目的は達成されません。

　説明文は、事実を伝えるのが目的ですから、主観を排してできるだけ客観的に書くことが求められます。もちろん、実験レポートでも経験していると思いますが、「考察」という項目で自らの見解を述べることができます。これは研究論文も同じです。ただし、主観的意見を

書くところは、客観的な事実を書くところと明確に切り分けておかなければなりません。主観的意見と客観的事実を混ぜて書くことは、説明文で最もしてはいけないことです。

表 2.1 議論文と説明文の比較

文章の種類	目的	想定すべきこと
議論文	自分の提案や主張に対して読者の賛同を得ること	読者の意見の分布
説明文	何らかの事実を読者が理解できるように伝えること	読者の知識のレベル

コラム　**新聞記事は見本とすべき説明文か**

　説明文が書かれるのは理系分野に限りません。クイズで選択肢に挙げた調査報告書は、文系分野でもしばしば作成されます。

　本来、文系で最も典型的な説明文として挙げるべきものは新聞記事でしょう。しかし、昨今の新聞記事は説明文の原則を守らないものが増えており、理系の人間が参考にすべきものではすでになくなっています。

　もともと、ジャーナリズム論においても、意見と事実を切り分けることは大事だとされていました。しかしながら、最近ではポストモダン哲学の影響により、客観的事実というものは存在せず、個々人の主観に基づく世界が併存するのみだという世界観が、文系ではかなり幅を利かせるようになりました。そのため、自分の世界観を事実としてより多くの人に共有してもらうことを目的とした、説明文の体裁を纏う議論文が、文系の世界では増えています。新聞記事でもその傾向は顕著です。読者の皆さんは、こうした主観と客観を混ぜる最近の傾向に影響されないようにしていただきたいと思います。

2 卒論・論文執筆の基本

　いよいよ、本題の論文の書き方に入りたいと思います。研究室に配属されると、これまでとは比べものにならないぐらい文章を書く機会が増えます。そのほとんどは論文形式です。

　最初は戸惑うかもしれませんが、論文の作文法には基本的な型があるので、それを身につければ、自由作文に比べて格段に書きやすく感じると思います。本節では、論文の作文の基本的ルールを順に紹介します。

まずは基本から

論文の日本語は英語の直訳調

　研究論文をはじめて読むと、それまで読んできた日本語と雰囲気がまったく違うので、戸惑う人が多いと思います。私も、研究論文を最初に読んだとき、日本語として非常に強い違和感を持ったことを覚えています。では、その違和感の正体は何でしょうか。

　研究論文という形式は、西洋から輸入されたものです。もともとは英語（古くはドイツ語やフランス語）で書かれるもので、その影響を強く受けています。ですから、研究論文は英語を直訳したような文章であるというのが、最大の特徴になります。

　クイズで例を見てみましょう。

Question

　　　　次の文章で、論文として相応しくない表現を修正してください。

- -
私の研究では、ディープラーニングによる機械学習を CT 画像に用いることで、肝臓については高い精度でセグメンテーションができた。しかし、膵臓についてはその精度は低く留まった。

ヒント
　　周囲の論文を手に取って、そこに現れる文章と比較してみよう。

（修正例）

> 筆者の研究では、ディープラーニングによる機械学習を CT 画像に用いることで、肝臓については高い精度でセグメンテーションができている。しかしながら、膵臓についてはまだその精度は低く留まっている。

◆解説 〜 時制と一人称◆

英語の直訳調の日本語で、最初に最も違和感を持つのは**時制**かもしれません。日本語では、現在形を用いることはあまり多くありませんが、英語論文では現在形を多用します。**過去形を用いるのは、過去に行われた研究と、実際に行った実験の条件と結果を示す部分で、他は現在形を中心に使います**。日本語の論文でも、時制は英語の論文にあわせて使い分けるのが慣習となっています。クイズの文例でも、現在形を使うのが一般的です。

次に違和感を持つのは、**一人称**でしょう。論文では原則、一人称として「私」は使いません。**一人称は「筆者」（複数の場合は「筆者ら」）あるいは「われわれ」（単著の場合を含む）**と書きます。

これらに注意すれば、クイズの答えが得られます。

◆論文執筆時の注意点◆

論文を書くうえでとくに気をつけるべき点は、**主語、動詞、目的語の関係をはっきりさせること**です。このことは、英語を勉強するときには、繰り返し訓練してきたものと思います。それと同じことを日本語の作文で実践することが、論文らしい日本語を書くための第一ステップになります。日本語では、主語や目的語がしばしば省略されますが、主語、動詞、目的語をはっきりさせることは、事実を正確に伝えるうえで極めて重要です。

これらの原則を知ったうえで、あとは多くの論文を読んで慣れていくことが大事です。まずは、ベテラン研究者が書いた論文を真似て作文していくことから始めればよいでしょう。巷では「個性」重視が叫ばれていますが、研究論文の目的はより多くの人に正確な情報を伝えることですから、個性的な文章はほとんどの場合それを阻害する要因にしかなりません。

　もちろん、これまで実験レポートの作成で指導を受けてきたことは、研究論文の作成にそのまま活きます。そもそも、実験レポートを作成させる教育は、それが目的で行われていますので、これまで指導されてきたことをよく思い起こしながら論文作成に取り組んでいただければと思います。

\ポイント/
● 日本語の研究論文は英語直訳調。
● 時制は現在形が基本。
● 一人称は「筆者」あるいは「われわれ」が基本。
● 主語、動詞、目的語の関係をはっきりさせる。

コラム なぜ論文は英語直訳調なのか

　こういう言い方をすると一部の方からお叱りを受けるかもしれません が、今私たちが使っている日本語は論理的なことを取り扱うのにあ まり向いていません。といっても、日本人が歴史的に論理的なことを 考えてこなかったわけではありません。日本人は伝統的に論理的な話 は漢文でしてきました。たとえば、明治時代に作られた法律を見ると、 漢文書き下しの文調になっています。

　一方、今私たちが普段書いている日本語は、源氏物語のような文学 や枕草子のような随想で使われてきた言葉の流れの延長線上にありま す。そのため、論理的なやりとりをするのにあまり向いていません。 こうした事情があり、英語直訳調の独自 な日本語が研究論文の世界で使われるよ うになりました。

論文の構成

　個々の文については、英語の直訳調の日本語を書くのが研究論文の特徴ですが、では、文章全体の構成についてはどうでしょうか。まずは、論文の概要の書き方を題材に考えてみましょう。

Question

Q　論文の概要（アブストラクト）の構成として適切なのは、次のどちらの書き方でしょうか？

(a) これまで○○を実現する方法として××方式が使われてきた。しかし、××方式には△△という問題点があった。そこで、本論文では△△問題を起こさず○○を実現する方法として、□□技術を導入した☆☆方式を提案する。

(b) 本論文では○○において△△問題を解決する☆☆方式を提案する。従来、○○を実現するために使われていた××方式では△△という問題があった。☆☆方式では、□□技術の導入でその問題を解決する。

ヒント
　身近な論文がどうなっているかを確認してみよう。

どちらでもよい。

日本式が好きなら（a）、欧米式が好きなら（b）。

◆解説◆

　日本人の著者のほとんどは（a）を採用しています。ですから、日本語の論文と日本人の書いた英語論文の場合は、（a）の形式をとっていることがほとんどです。一方、英語圏の著者の場合、ほとんどは（b）を採用しています。

　日本人にとって（b）の書き方は多少違和感があると思いますが、結論を最初にもってくる（b）の方が、慣れてくると読者にとって要点がつかみやすく、親切であると感じられます。私は（b）を採用していますが、皆さんがどちらを選ぶかは、個々の好みで判断いただければと思います。

◆研究論文の構成◆

　次に、研究論文の概要以外の部分についても、簡単に説明しておきましょう。論文全体の文章構成については、次のような、ほぼ定型のパターンがあります。

　（1）概要（Abstract）

　（2）序論／はじめに（Introduction）

　（3）既存研究の説明

　（4）提案手法の説明

　（5）提案手法の結果の説明

　（6）考察（Discussion）・・・これは無い場合もあり

　（7）結論／まとめ（Conclusion/Summary）

　（8）謝辞（Acknowledgement）・・・これは無い場合もあり

　（9）参考文献（Reference）

序論（はじめに）では、研究の位置づけと目的を述べます。そのため、過去の重要な関連研究にできるだけ多く触れ、研究背景を明確化することが必要です。

　既存研究と提案手法の説明では、**どこまでが既存研究で、提案手法は既存研究と比べて何が新しいのかがはっきり区別できるように書く**ことが大事です。研究においては何らかの新規性が求められます（p.12参照）。ですから、その新規性がどの部分にあるのかを明確化しておく必要があります。

　提案手法およびその結果の説明では、読者がその**研究を追試（再現）するのに必要な情報は漏らさずに全て盛り込む**ことが求められます。

　考察は、実験レポートでも書いたことがあると思います。この部分では、多少不確かであっても、研究（実験）の結果について**自分なりの見解（意見）**を述べることができます。

　結論は、概要と記述が重なる部分もありますが、ここでは概要と比べ、**結果の部分をより分厚く書く**ことになります。

　謝辞と参考文献は文字どおりなので、あらためて説明する必要はないでしょうが、1点だけ指摘しておきます。現在の外部発表における謝辞は、研究費を支援している団体に対するものがほとんどです。外部資金で研究をしている場合、謝辞にその旨を書くことは非常に重要です。この点について漏れがないように、論文提出前に指導教員の確認をよく受けるようにしてください。

　概要と結論（まとめ）はいずれも重要です。概要と結論だけを読んで、研究の大枠だけを把握しておこうとする読者がかなりの割合を占めるからです。ですから、概要と結論はとくに丁寧で分かりやすい文章を書くように心がけましょう。

図表の入れ方とキャプションの書き方

理系研究の論文には、必ずといってよいほど図表が入ります。図表の入れ方にはルールがあるので覚えましょう。

まず、**本文で必ず図表を参照する**必要があります。図表があるのに、それについて本文でまったく触れられていないということがあってはなりません。図表が論文においてどういう位置づけにあるのかが分からなくなるからです。

また、一般的に、**図表の配置は本文中の図表についての言及部分より後**にします。

そして、図表には、必ず「キャプション」とよばれる説明書きが付きます。**キャプションは図の下側、表の上側に配置**されるのが慣例になっています。

以上のルールを図 2.1 にまとめておきます。

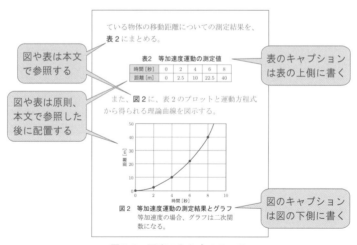

図 2.1　図表の入れ方のルール

では、キャプション自体の書き方はどうすればよいでしょうか。次のクイズを見てみましょう。

Question

Q キャプションの書き方について、次の二つの方針が考えられます。正しい方針はどちらでしょうか?

(a) 図表に関する細かな説明は本文に書くようにし、キャプションはできるだけ簡潔に書く。

(b) キャプションと図表だけを見れば、その図表が何を表しているかが分かるように、できるだけ詳しい情報をキャプション中に盛り込む。

ヒント

短い論文と長い論文で、自分が普段している読み方、読み手がしそうな読み方を考えてみよう。

短い論文では（a）のように簡潔に、長い論文では（b）のように詳しくするのがお勧め。

◆解説◆

実は、私は学生時代、キャプションの入れ方について、クイズの選択肢（a）の方針で指導されたことも、（b）の方針で指導されたこともあります。指導する人によって、矛盾するアドバイスを受けたことは、皆さんも一度は経験したことがあるのではないでしょうか。そういうときこそ、どちらが正しいかを自分の頭で能動的に考えるチャンスです。

私は、自分が論文の読者のときに、どちらが読みやすいかを考えてみることにしました。そこで気がついたのは、論文によって自分が読み方を変えているという事実です。学会の予稿集によくみられる、2ページ程度の短い論文の場合、最初から最後まで通して読む人が多いのではないでしょうか。一方、10ページを超えるような長い論文の場合は、その論文のとおりに追試研究をしようとしているケースなどを除いて、まずは概要（アブストラクト）と結論を見て、あとは図表とキャプションを順に拾い読みをすることが多いのではないかと思います。

そう考えると、短い論文では、本文を通読してもらえると期待できるので、図表の説明は本文中に書いて、キャプションは簡潔にする方が読みやすそうです。逆に、長い論文の場合は、図表だけを拾い読みしても概略が分かるよう、キャプションをできるだけ詳しく書いた方が親切でしょう。このように、**自分が読み手の立場に立って読みやすいのはどちらかを考える**と、自然と書き方の方針が立つことがよくあります。

数式の入れ方

　これまであまり気にしてこなかったかもしれませんが、数式を含む文章を書くときには、必ず守らなければならない決まりがあります。実は、私を含め教員は授業の板書ではこれを厳密には守っていません。

　しかし、教科書を注意深く読むと、一定のルールを常に守っていることに気づくでしょう。それは、論文でも同じです。

Question

　　以下の文章の問題点を全て修正してください。

電圧を V，電流を I，抵抗を R とおくと，オームの法則は次のように表される．

　　$V=IR.$

ここでは，時刻 t において次のように表される交流の電流を用いる．

　　$I = I_0 \, sin \, 2t.$

　教科書や論文に書かれた数式表現を思い出してみよう。

> 電圧を V, 電流を I, 抵抗を R とおくと, オームの法則は
> $$V = IR$$
> と表される. ここでは, 時刻 t において
> $$I = I_0 \sin 2t$$
> で与えられる交流の電流を用いる.

◆解説◆

数式の書き方にはいくつかの決まったルールがあります。

まず, 一つ目のルールは書体についてです。**変数にはイタリック体（斜体）、単位にはローマン体（立体）**の書体を用います。また、**数字と sin, cos, tan, log などの固有名称のある関数にはローマン体**を用います。この使い分けにより、変数と関数との区別がはっきりします。

二つ目のルールはスペース（空き）についてです。**数式の加減乗除や等号・不等号と変数の間にはスペース**を入れます。また、**単位と数値（または変数）の間にもスペース**を入れます（% と° は例外でスペースを入れません）。ただし、これは英語のルールから来ているもので、半角の文字や数字を使っているときの決まりです。日本語でも論文を書く場合はアルファベットや数字は半角を使うことがほとんどだと思いますが、全角で書く場合はスペースを入れるとバランスが崩れることがあります。

最後に、**数式は独立した文にするのではなく、文の構成要素になるように**書きます。これも英語の論文のルールから来ています。最近の日本語で書かれていた論文では、このルールは守られていないものが散見されますが、これを厳格に守るように指示する分野も多いですから、正式な書き方を採用した方が無難でしょう。

以上の点を全て反映すると、問いの文章は答えのように修正されます。

　なお、文の区切りにカンマとピリオドの組み合わせ（, .）を使うか、カンマと句点の組み合わせ（, 。）を使うか、あるいは読点と句点の組み合わせ（、。）を使うかは、学校・学部・学科あるいは論文誌によってまちまちですので、そこで指示されたものを使ってください。

ポイント
- 英数字については書体を使い分ける。
- 演算記号の前後や単位の前にはスペースを入れる。
- 数式も文の構成要素になるように書く。

③ 理系らしい作文の書き方

　本節では、個々の文の組み立て方に注目します。多くの人は、普段口にしている話し言葉をそのまま文章に起こそうとします。しかし、その書き方では正確に伝わる作文はなかなかできません。とくに、日本語の場合、話し言葉はあえて内容を曖昧にして表現の角をとる習慣があります。それをそのまま文章にするのは、論文として適切ではありません。理系らしい日本語とはどのようなものか、一緒に見ていきましょう。

理系らしい日本語を
意識してますか

日本人の悪い癖

日本人の作文には、論文には向かない表現を使う悪い癖がついていることがよくあります。ここでは、その具体例を見てみましょう。

Q Question

次の二つの文章において、論文として相応しくない表現を修正してください。

(a) 従来の研究においては、実験中に温度が変化するという現象があまり考慮に入れられていないと思われるものが少なくないように見受けられる。

(b) 物体の検知にカメラを用いると、検知精度が環境の明暗条件に依存してしまう。

ヒント
本章でこれまで議論してきたことを思い出して、論文らしくない点はどこか考えてみよう。冗長さ、曖昧さ、価値判断を含んだ表現は、論文らしい文章には合いません。

> (a) 従来研究には、実験中の温度変化を考慮していないもの
>   がある。
> (b) 物体の検知にカメラを用いると、検知精度が環境の明暗
>   条件に依存する。

◆解説◆

　問いの (a) の文は流石に一目でおかしいと分かるでしょう。しかし、いざ書き手になると、(a) のような文章を書く人は多くいます。このような文を書いてしまう原因は二つ考えられます。

　一つは、日本の学校における作文教育の影響です。日本の学校では、作文の課題で一定以上の字数や枚数を書くことを求める課題が非常に多く出されます。そのため、字数を稼げるように冗長な表現を使う癖がついてしまっています。

　もう一つは、断言を避けようとする日本の文化の影響です。多くの日本人は「見受けられる」のような曖昧な表現を使う癖がついています。筆者も、文章を書く経験をかなり積んでいても、この癖はなかなか抜けません。書き言葉は話し言葉に影響されますから、普段の会話で礼儀として曖昧な表現を使っている以上、作文時もその日本語に引っ張られてしまいます。

　科学論文においては、**冗長な表現も、曖昧な表現も避けるべき**です。

　(b) は日本語として見ると、まったく不自然には見えないと思います。しかし、論文としては適切ではありません。p.60、61 の「説明文について」の項目で説明したとおり、**理系の論文では事実と意見を厳密に分ける**ことが求められます。「依存してしまう」という表現は、「依存する」という事実に対する価値判断を含んだ表現ですから、事実を説明する箇所で使うのは控えた方がよいでしょう。

情報量に着目する

前項目で述べた日本人の作文の癖は、より見えにくい形で出ることもあります。その例を見てみましょう。

Question

次の二つの文章において、論文として相応しくない表現を修正してください。

(a) 画質を向上させるため、いくつかの改良を行う。まず、レンズを球面レンズから非球面レンズに変更する。次に、バックライトを輝度の高いものに取り替える。これらの改良を加えた装置の評価を行う。

(b) 図1に示すとおり、年齢によって自然流産率が異なることが分かる。

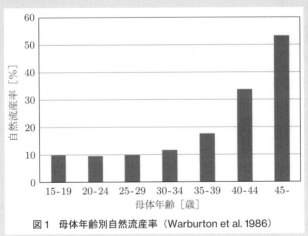

図1　母体年齢別自然流産率（Warburton et al. 1986）

ヒント
曖昧さが少なく、より情報量が多い表現を使ってみよう。

Answer

（a）画質を向上させるため、二つの改良を行う。まず、レン
ズを球面レンズから非球面レンズに変更する。次に、バッ
クライトを輝度の高いものに取り替える。これらの改良
を加えた装置の評価を行う。

（b）図1に示すとおり、加齢によって自然流産率が上昇する
ことが分かる。

◆解説◆

この問いの例文は、いずれも日本語として読んでみて、まったく違
和感がないのではないかと思います。しかし、論文の日本語として考
えた場合、やはり改善の余地があります。ここにも、断言を避けて曖
昧に表現しようとする日本人の癖が隠れています。

問いの（a）では、「いくつかの」という表現がそれに該当します。
文脈から改良点は二つであることが明白ですから、「二つの」と明言
した方が、1文字あたりの情報量が多くなり、内容が読者により正確
に伝わります。他にも、三つ改良点があるのに、わざわざ「三つ程度
の改良点」といった表現でぼかす癖も日本人は持っています。論文を
書くときは、「三つの改善点」と断言する表現を使いましょう。

問いの（b）の問題点は「異なる」という表現です。日本人は「異
なる」や「変化する」という表現を好みます。しかし、相違点や変化
の具体的内容を短く表現できるときは、その方が内容は正確に伝わり
ます。この場合、年齢が増えるに従って自然流産率が増加するという
のが具体的な変化の内容ですから、それをストレートに書くべきです。

このように、**曖昧にせず、具体的内容を短く書く**ことで、論文らし
い表現になります。

2 章　卒論・投稿論文の"常識"

文法を意識する

p.63 で述べたとおり、論文の日本語は英語の直訳調の文章が用いられます。その方が論理的で正確に伝わる文章になるからです。しかし、日本語は、主語が省略可能な点で英語と大きく異なります。

ヨーロッパの言葉にも、主語が省略できる言語がありますが、主語の人称によって動詞が活用するため、動詞の形から主語が推察しやすくなっています。一方、日本語の場合は、主語が省略できて、かつ主語の人称による動詞の活用もありません。そのため、文の主語が曖昧になりやすいという欠点があります。

具体例を見てみましょう。

Question

次の二つの文章において、論文として相応しくない表現を修正してください。

(a) この被験者実験では、5種類の画像を表示し、事前に提示した画像と同じものを選ぶ。

(b) このシステムは、廉価に入手可能な眼鏡式立体ディスプレイと3次元位置センサにより構成される。

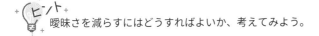

ヒント
曖昧さを減らすにはどうすればよいか、考えてみよう。

(a)【案1：隠れた主語を著者に統一】

　　この被験者実験では、5種類の画像を表示し、事前に提示した画像と同じものを選ばせる。

　　【案2：後半部の主語を被験者と明示】

　　この被験者実験では、5種類の画像を表示し、被験者は事前に提示した画像と同じものを選ぶ。

(b)【案1：立体ディスプレイのみが廉価な場合】

　　このシステムは、3次元位置センサと廉価に入手可能な眼鏡式立体ディスプレイにより構成される。

　　【案2：立体ディスプレイと位置センサ両方が廉価な場合】

　　このシステムは、いずれも廉価に入手可能な眼鏡式立体ディスプレイと3次元位置センサにより構成される。

◆解説◆

　問いのどちらの文も、ごく自然な日本語に見えるのではないかと思います。しかし、情報が正確に伝わるかどうかという観点で考えた場合、いずれの文にも問題があります。

　主語が省略できることは、主語がないことを意味しません。特殊な文でない限り、必ず隠れた主語が存在しています。ですから、主語を省略するにしても、隠れた主語が読者に伝わるように書くことが、正確性と客観性を担保するために必要です。

　問いの (a) の文には、「表示する」という動詞と「選ぶ」という動詞が並列で存在していますが、そのいずれの動詞に対する主語も明示されていません。文脈から考えると、「表示する」の主語は実験の実施者（著者）であると解釈できます。一方、「選ぶ」の主語は実験の

被験者であると考えられます。二つの動詞が並列に並んでいて、主語が省略されていれば、隠れた主語は二つの動詞に対して共通であると理解するのが普通です。ですから、並立する二つの異なる主語がいずれも隠されているという状態は、読者の誤解を招きやすい文といえます。よって、**隠れた主語が揃うような表現の工夫**が必要です。

一方、(b) については、日本語特有ではなく、英語でも同様に生じる問題です。この文が曖昧なのは、「廉価に入手可能な」が「眼鏡式立体ディスプレイ」だけを修飾するのか、「眼鏡式立体ディスプレイ」と「3次元位置センサ」の両方を修飾するのかがはっきりしないからです。

前者を意図している場合は、「3次元位置センサと廉価に入手可能な眼鏡式立体ディスプレイ」のように、修飾語がかかる言葉を後ろにもってくることで、曖昧さを除去できます。後者の場合は、修飾語が両方にかかっていることを明示するために、「いずれも」などの修飾語を加えるとよいでしょう。このように、**修飾関係をはっきりさせる**工夫を心がけましょう。

ポイント
- 主語が省略されている場合、主語が揃うように表現するか、主語を明示する。
- 修飾関係をはっきりさせる。

コラム　外国人にも知られている日本語のあいまいさ

　日本語があいまいな言語であることは、外国人にも知られているようです。第二次世界大戦のとき英国の首相であったウィンストン・チャーチルは、戦後『第二次大戦回顧録』(中央公論新社、2001)[13]を著し、ノーベル文学賞を受賞しています。同著の中には、次のような興味深い記述があります。

> 日本軍の計画は、非常に厳格だったが、計画が予定どおりに進行しないと、目的を捨ててしまうことが多かった。これは、一つには、日本語というものがやっかいで、不正確なためだと考えられる。日本語は、すぐに信号通信に変えることがむずかしいのである。

　英国を勝利に導いたリーダーとはいえ、ここまで敵を深く分析・理解していたことには驚かされます。

日本語の基礎力 1

　これまで、主に論文特有の日本語の問題を論じてきましたが、和文の論文は日本語で書かれているわけですから、当然日本語として正しい作文をすることも重要です。しかし、一般に理系の学生には日本語の基礎力に欠ける人も少なくありません。これまで指導した学生が実際に書いた作文から、その具体例を見てみましょう。

Question

　　　　　次の四つの文章において、問題と思われる表現を修正してください。

(a) 従来の装置は立体視が見える範囲が限られる。

(b) 近年、環境への取り組みとして、再生可能エネルギーが普及しつつある。

(c) 観察者が遠い場合はスリットの幅を小さくし、観察者が近い場合はその幅を太くする。

(d) この実験結果から、提案手法は従来手法に比べ、誤差を小さく抑えられると言う事が確認出来る。

ヒント

　　文法や言葉の使い方を、細部まで注意深く見てみよう。

（a）従来の装置は立体視ができる範囲が限られる。

（b）近年、環境問題への取り組みとして、再生可能エネルギーが普及しつつある。

（c）観察者が遠い場合はスリットの幅を細くし、観察者が近い場合はその幅を太くする。

（d）この実験結果から、提案手法は従来手法に比べ、誤差を小さく抑えられることが確認できる。

◆解説 ～ 頭に浮かんだまま文章にしてはいけない◆

　実は、日本語をネイティブとする我々日本人でも、普段の話し言葉では文法として間違った表現を頻繁に使っています。リアルタイムの情報処理で、完璧な作文をすることは普通の人間にはできません。それでも通じるのは、表情や声のトーン、場の雰囲気など、普段の会話では言語以外の補助的な情報が多数存在するからです。

　ところが、文章の場合、言語のみが伝える手段になっていますから、できるだけ正確な日本語で書く必要があります。普段話しているときと同じ感覚で、頭に浮かんできた言葉をそのまま文章にすると、理解不能な日本語になります。これはプロの話し手でも同じで、講演録を本にする際、講演の録音テープをそのまま文字に起こすのでは本にはできません。日本語としてかなり修正を加える必要があります。

◆解説 ～ 文法や現代の表記ルールを意識する◆

　日本語で作文をするときは、外国語で作文するときと同様に、**文法を意識しながら書く**ことが重要です。

　問いの（a）では、「見える（can see）」の「見る（see）」という動詞の目的語が「立体視」になっています。しかし、立体視は見るとい

う動詞の目的語にはなりえません。見る対象は立体画像であって、立体視は見ることができません。

　（b）にも同様の問題があります。「環境への取り組み」は「環境に取り組む」を名詞化したものですが、「取り組む」という動詞の目的語として「環境」は不自然です。環境は変えたり整備したりはできますが、取り組むことはできません。「取り組む」の目的語にするなら「環境問題」とすべきでしょう。

　（c）は文法的に間違いというわけではなく、このままでも許容範囲ですが、「幅」に対して「小さい」と「太い」を対義語にしている点が気になります。「細い」と「太い」（あるいは「狭い」と「広い」）を使った方が自然です。

　（d）も文法的に間違いではありませんが、現代の日本語で活字にする場合のルールからははみ出ている点があります。「と言う事が確認出来る」は「ということが確認できる」のように、「と言う」、「事」、「出来る」は平仮名で書くのが自然です。日本語変換ソフトでは漢字に変換されることが多いため、これらの語句を漢字で打つ学生は多いですが、論文では一般的な活字文化のルールに従う方が無難でしょう。

　なお、ここでは「と言う」を平仮名にするというルールの説明のためにこの文例を挙げましたが、論文の日本語としては、「抑えられるということが確認できる」ではなく、「抑えられることが確認できる」と簡潔に書くことが望ましいです。

コラム　日本語の基礎力を身に着けるには（その1）

　論文らしい文章にすることは、ポイントを押させていけばすぐできるようになると思いますが、日本語の作文の基礎力向上は一朝一夕では成しえません。日常の積み重ねが不可欠です。そこで、作文力向上のために普段できることを紹介してみたいと思います。

　まず、一つは読書です。これは今までも多くの人から言われたことがあるでしょう。ただ、お薦めする本の内容は違います。私はラノベでも何でもよいから、活字になっているものを読めといっています。読書を勧めてくる先生方は、大抵難しい本を薦めるでしょう。もちろん、そういう本を読むのも大事です。しかし、作文能力を高めるという目的に限定すると、難しい本はあまりお薦めしません。難しい本の中には、文章があまり上手ではないものも多くあるからです。

　大衆向けの本は、より多くの人に読んでもらえるよう、分かりやすく書く努力がなされています。ですから、難しい本に比べて文章としても完成度が高いことが少なくありません。よって、作文能力の向上を目指す場合、難解な本よりはベストセラーの方がよい手本になります。

　ただ、簡単な文章ならネット小説でも何でもよいというわけではありません。活字になった本であることが条件です。活字の本にするときは、著者以外に編集者が入り、日本語を細かくチェックします。ですから、文章としての完成度が一定以上に保たれています。

　本を書いたことがない人には馴染みがないと思いますが、編集者は文章のプロです。私もこれまで何冊か本を書きましたが、よい編集者に当たると、作文の勉強になることがたくさんありました。

（つづく）

日本語の基礎力2

　出来の悪い長文は、書いた後に自分で読んでみれば、その理解しにくさに気づくはずです。文章を書く場合は、書きっぱなしにせずに、完成したものを一度読み直して、理解しにくい部分は修正する癖をつけるのが大事です。

　具体例で検討してみましょう。こちらも、これまで指導した学生が実際に書いた作文からの出題です。

Question

　次の二つの文章において、問題と思われる表現を修正してください。

(e) この研究の背景として、現在、観察者の目の位置を追従することによって解像度を向上させる3次元裸眼立体ディスプレイが存在している。

(f) 今後の課題としてマーカーベースのシステムで得られた目の位置を教師信号としてディープラーニングを行うことによってマーカーベースでないシステムでもマーカーベースのものと同等の性能で目の位置追従を行うという研究を行う予定である。

ヒント
　どちらの文も読みにくく感じると思います。どう修正すれば読みやすくなるかを考えてみよう。

(e) 先行研究では、観察者の目の位置を追従することで解像度を向上させる3次元裸眼立体ディスプレイが開発されている。

(f) マーカーベースのシステムで得られた目の位置を教師信号としてディープラーニングを行い、マーカーを使わずとも従来と同等の性能で目の位置追従を実現することが今後の課題である。

◆解説◆

　一文が長くなると、文頭の表現と文末の表現の整合性がとれていないミスがよく起こります。問いの(e)の文では、「この研究の背景として」と「ディスプレイが存在している」の対応関係が曖昧です。**長文を書く場合は文全体に一貫性があるかどうかチェックする**ことが重要です。

　問いの(f)には多くの問題がありますが、まず目に付くのは「として」が2回、「行う」が3回、「マーカーベース」も3回繰り返されていることです。同一文内で同じ表現が繰り返されると、非常に読みにくい文になります。また、(e)の例文と同様に文頭が「今後の課題として」と始まっているのに、文末が「研究を行う予定である。」で終わるのも、つながりがよくありません。

　さらに、これだけ長い文なのに、読点がまったく打たれていないのも問題です。古い日本語はもともと句読点を入れる文化がなかったので、日本語は英語と違い、読点の入れる箇所のルールが曖昧です。私が勧めている読点の入れ方は、自分で読んでみて、一拍置きたくなる箇所に読点を入れるという方式です。

コラム 日本語の基礎力を身に着けるには（その2）

　読書と並んで、日本語作文の基礎力向上のためにお勧めしたいのが、ツイッター（Twitter）です。ツイッターは、日本語では140字という字数制限があるため、伝えたいことを短くまとめるよい訓練になります。私も主に英語圏の科学技術、政治、社会問題に関するニュースを紹介するツイートをしていますが、簡潔な文章を書く練習になることを実感しています。

　本文にも書いたとおり、日本の作文教育では、無駄な表現を駆使してできるだけ字数を稼ぐ癖がつく傾向があります。ツイッターはその癖を抜くよい練習になると思います。ただ、ツイッターは書く内容によっては "炎上" することもあるので、その点には十分気をつけてください（笑）。

　もう一つお勧めしたいのが、外国語（英語）の学習です。外国語を勉強するときは、文法を意識します。文法を意識することは、作文をするうえでは非常に重要です。それに加えて、とくに英語圏は作文教育が盛んなため、名文が多くあります。そういう名文にたくさん触れていけば、自分でも分かりやすい文章を少しずつ書けるようになっていくと思います。

どちらも
オススメです

④ 論文発表のルール

まだ研究室に配属されたばかりの人は、学会などで論文を発表するという文化に馴染みがないかもしれません。しかし、研究を進めていくうちに、その機会は訪れますから、早めにその文化を知っておくとよいでしょう。

権利の問題に配慮する

◆著作権の問題◆

まず、最も気をつけていただきたいのは**著作権**の問題です。すでに何度も指導されているとは思いますが、剽窃（いわゆる「コピペ」）は絶対してはいけません（p.43参照）。他人の書いた文章について、出典を明記し、どこからどこまでが引用部分か分かるようにしたうえで引用することは認められています。p.84のコラムでは、出典となる本の書名や情報を明記し、引用部分を字下げして目立たせています。ただ、理系の論文で他人の文章を引用の形で使用することはほとんどありません。

よくあるのは、先生や先輩の書いた文章をそのまま使ってしまうケースです。自分が単著の卒業論文や修士論文でこれをするのは絶対いけませんが、外部で発表する場合は、その先輩や先生が共著になっていることが多いと思います。その場合、その著作物の著者に先輩や先生が含まれているわけですから、彼らが書いた文章を使うことに問題はありません。

◆図表の引用◆

理系の論文で引用の対象になることが多いのは、図表です。従来研

究の説明で、先行研究の論文の図表を引用することはよくあります。この場合は、その図表の出典を明記し、それがその出典元からの引用であることをはっきり分かるようにしなければいけません。

　なお、外部に論文を投稿する場合、著作権を委譲する書面にサインして提出することを求められることがよくあります。著作権を委譲すると、自分の作った図でもその権利は譲渡先に渡ることになります。著作権譲渡後に自分の図が再利用できるかどうかは、著作権譲渡契約書の条件によりますので、確認をしておく必要があります。

◆知財の問題◆

　研究成果を外部に公表する前に、もう一つ注意しなければならないのが、知的財産権（知財）の問題です。特許権の取得を目指す場合は、公表前に出願を済ませておくことが望ましいです。発表後も１年以内なら新規性喪失の例外規定（特許法第30条）の適用を受けることができますが、外国出願をする場合を含め、種々の制約を受ける可能性があります。

学会への論文投稿

　おそらく、多くの人にとって、最初に外部で発表する機会は国内学会の舞台になると思います。学会発表をする場合、発表する内容を事前に提出し、提出した資料に基づき、その学会での発表が許されるか否かが審査されます。審査はその学会で一定以上の実績を持つレビュア２〜３人によって行われるのが一般的です。

　発表の形式には、口頭（オーラル）発表とポスター発表があります。プレゼンの準備方法については４章で詳しく述べます。多くの場合、学会発表を申し込む時点で、口頭発表希望、ポスター発表希望、どちらも可を選択することが求められます。

学会に提出する資料の分量は、研究分野や学会によってまったく異なります。500～1000字程度のアブストラクト（概要）だけの場合もあれば、完成した予稿論文の提出を要求される場合もあります。多くの学会ではテンプレートが用意されているので、それに従って提出資料を作成してください。

　図2.2に、学会発表申し込みから学会発表までの流れについて、いくつかのパターンを紹介しておきます。アブストラクトを提出する場合、採択後に論文を提出する必要がある学会もあれば、採択後には何も追加で提出する必要がない学会もあります。

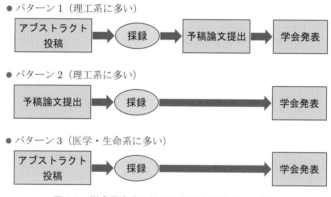

● パターン1（理工系に多い）

アブストラクト投稿 ▶ 採録 ▶ 予稿論文提出 ▶ 学会発表

● パターン2（理工系に多い）

予稿論文提出 ▶ 採録 ▶ 学会発表

● パターン3（医学・生命系に多い）

アブストラクト投稿 ▶ 採録 ▶ 学会発表

図2.2　学会発表申し込みから学会発表までの流れ

　なお、医療・生命系ではアブストラクトのみの場合が多く、理工系では論文の提出を求められる場合が多い、という文化の違いがあります。論文を提出する場合、提出した論文は、**予稿集**（Proceeding）の形で参加者に配布されます。学会によっては、優秀な予稿論文はそのまま学術誌に採録されるという仕組みが用意されている場合もあります。

　採択されるのがどのくらい難しいかは、学会によってまったく異なります。テーマが学会の趣旨に沿っている研究ならば、基本的に全て

採択されるような学会もあれば、採択される確率が低い学会もあります。一般的に採択率が3割程度の学会は、トップ・コンファレンスとよばれます。Core Rank などの学会の格付けも最近は行われているので、参考にするとよいでしょう。

いずれにしても、学会投稿については、最初のうちは指導教員や先輩が丁寧に指導してくれるはずなので、詳細はその指示に従っていただければと思います。

学術誌論文の投稿

◆投稿するまでのポイント◆

博士号を取得する場合、基本的に研究論文が学術誌に掲載されることが学位取得の必要条件になります。学術誌掲載の論文は、ジャーナル論文、雑誌論文などともよばれます。学士や修士の学位取得の条件には通常なっていないので、大半の学生にとってジャーナル論文は縁のないものかもしれませんが、卒業研究や修士論文の研究も、内容が優れていれば学術誌への論文掲載に至ることは十分可能です。就職後、研究開発の仕事に就く人は、ジャーナル論文を書く機会もあるかもしれませんから、論文投稿手順を知っていて損はないでしょう。

ジャーナル論文の投稿手順も、その概要は学会発表の申し込みに似ています。まず、論文を投稿する学術誌を選びます。学会と同様、学術誌にも掲載されやすいものとされにくいものがあります。学術誌の格付けには種々の手法がありますが、最もよく用いられるのが**インパクト・ファクター**です。

インパクト・ファクターは、その学術誌の論文が他の学術論文に平均してどのくらい引用されているかを示す指標です。どのくらいインパクト・ファクターがあるとトップ・ジャーナルと言われるかは、分野によってかなり違うので一概にはいえません。

学術誌には、それぞれ**投稿規定**（Author Guideline）があるので、それをよく読んで論文を作成する必要があります。学会と同様、論文の書式についてはテンプレートが用意されている学術誌が大半です。論文本体以外に、カバー・レターを提出する必要がある学術誌も多くあります。

◆査読について◆

学術誌には編集委員がおり、その編集委員が査読者を割り当てます。通常は2名で、判断が割れた場合にもう1名に査読を依頼する場合がほとんどです。学術誌によっては、査読者として適切な候補者を著者が提示することができる場合があります。また、査読者として選んでほしくない人を提示することが可能な学術誌もあります。

査読には、シングル・ブラインド方式とダブル・ブラインド方式があります。論文の著者は誰が査読したか分かりませんが、査読者は誰が投稿したかが分かる形式がシングル・ブラインドです。ダブル・ブラインドでは、論文の著者に査読者が分からないようにするだけでなく、査読者にも論文の著者が分からないようにします。そのため、ダブル・ブラインド方式の場合、論文の著者は自分の名前を隠した原稿を用意します。

一般的に、査読は次の三つの観点で行われます。

(1) **新規性**（originality）

研究として成立するには、これまでに誰もやっていない何か新しいことが含まれなければなりません。その点が審査されます。

(2) **信頼性**（reliability）

1章で述べたとおり、科学研究では再現性が重要です。研究成果を追試で再現するために必要な情報が全て記載されているか、数式や検定などの手順に間違いはないかなどが審査されます。

(3) **有効性**（significance）

　　新しいことでも、何の意味もないのでこれまで誰もやらなかった
　　実験では価値がありません。工学などの応用科学ならば、どのよう
　　な分野に実用できるか、基礎科学ならばその研究分野にどのよう
　　な意味を持つ成果かという観点で審査されます。

　この三つに加えて、**了解性**（clarity：内容が理解できるように書か
れているか）という項目が加わることがあります。これが別の項目と
して立てられていない場合は、信頼性の評価に含まれると理解すれば
よいでしょう。

　査読結果は、通常「**採択**（Accept）」「**条件付き採択**（Major
Revision）」「**返戻**（Reject）」の3種類です。判定結果に加え、査読者
のコメントが通常送られてきます。採択の場合も細かな部分で直した
方がよい (Minor Revision) とコメントがされる場合があります。

　条件付き採択の場合、採択の条件が示されますので、その指示に従っ
て追加実験や記述の追加変更を行う必要があります。全ての指示に対
応した修正が済んだら再投稿します。再投稿の際は、査読者への回答
文 (Author's Response) を添付します。回答文には、査読者の出した
それぞれの条件に対して、どのような改訂を行ったのかを詳しく記載
します。

　もし、査読者のコメントに勘違いがあると思われる場合は、その旨
を回答文に記載します。ただし、査読者の方が立場は強いので、下意
上達の精神でできるだけ丁寧な書き方をするのが採択にたどり着くた
めの近道です。

3章

科学技術英語の "常識"

英語の特徴を知る

　科学の世界の共通語は英語ですから、自分の研究成果を英語で伝える能力は、学生のうちにぜひとも身に着けておくべきものです。しかしながら、一般的に日本人は英語が非常に苦手です。そこで本節では、日本人が英語で文章を書けるようになるためのポイントを紹介していくことにします。

　本章では、TOEIC にして 500 点～ 700 点ぐらいの読者を意識して議論を進めます。それ以上の英語力のある人にとっては当たり前の話が多くなると思いますが、最新 IT 技術の使い方など上級者にも参考になる話はあると思いますので、知っているところは飛ばしつつ、読み進めていただければ幸いです。

ポイントを押さえるだけでも、科学技術英語の作文力は上達します

動詞中心に考える

　日本人が英語を苦手とする要因はいくつかありますが、最大の障壁は日本語と英語の文法構造が大きく異なることです。その違いを理解することが、英語らしい英語を書く第一歩となります。

　早速、例を見てみましょう。

　　　次の日本語に対応する英語について、どこを修正すべきでしょうか？

（日本語）

われわれはプロのチェス・プレイヤーに勝つコンピュータ・プログラムを実現する。この目的を達成する手段として、われわれは機械学習を行う。

（英語）

We do realization of a computer program that defeats professional chess players. We do machine learning to achieve this goal.

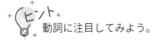

ヒント

　　　動詞に注目してみよう。

Answer

動詞を do で表しているところを修正すべき。

（修正例）

We realize a computer program that defeats professional chess players. We apply machine learning to achieve this goal.

◆解説◆

　この問題の英語文は日本人が書きがちなパターンです。こういう英語になる背景には、日本語と英語の間の特徴的な違いがあります。

　日本語は名詞を中心にした言語です。日本語には、「実現」のように漢字二字の名詞（熟語）が多数使われます。そして、それを動詞化するときは、「する」を足して「実現する」という形で用います。とくに科学論文のように、抽象概念を含む高度な議論をするときは、漢字二字の熟語の使用頻度が増えます。そのため、日本語は名詞を中心にして文章が組み立てられがちです。

　英語には、もともと英語にある言葉と、ラテン語から輸入した言葉があります。そして、論文などの高度な議論をする文章では、ラテン語由来の言葉の使用が多くなるという傾向があります。この点は日本語と似ています。ただし、決定的に違うのは、輸入の形態です。

　英語は動詞が基本形です[14]。日本語では漢字の熟語を名詞の形で輸入しているのに対し、英語ではラテン語を基にした言葉を動詞の形で輸入していることが多いのです。たとえば、1文目の「実現する」に対応する動詞は“realize”ですが、それを名詞化するときは“realization”と変形させることになります。ですから、もともと“realize”だけでよかったところを例文のように“do realization”とするのは、明らかに不自然な英語となります。

　また、2文目の「機械学習を行う」の訳に動詞“do”を使うのにも

違和感があります。この文では、主語が"We"で目的語が"machine learning"ですが、機械学習を「する」のは計算機であって、われわれではありません。この主語と目的語を結ぶ動詞としては"apply"ぐらいが適当と考えられます。

◆英語らしい作文をするコツ◆

上述のように、日本人は、日本語の特性から、名詞を中心にして文章を組み立てようとする癖がついていますが、英作文ではそれが悪影響を及ぼすことがよくあります。英語らしい作文をするコツは、**まず使う動詞を決めること**です。

◆ちなみに…◆

日本人が名詞を中心に言葉を組み立てていることは、学会の質疑応答でも垣間見ることができます。たとえば、

「そのフィルターはどうやって作るのか？」

と質問したいとき、日本人はしばしば

"How to make the filter?"

と質問します。しかし、これは名詞句であって、完成された文になっていません。動詞が抜けているのです。正しくは、

"How do you make the filter?"

あるいは

"Would you tell me how to make the filter?"

となります。

ポイント

- 英文を書くときは、まず使う動詞を決める。
- 「〜する」の対訳は「do〜」が適切とは限らない。

コラム　　**英語の雰囲気のつかみ方（その1）**

　これまで多くの学生を見てきましたが、英語が苦手な理系学生には
共通する特徴があります。それは、英語を歴史と同じような暗記科目
だと思っていることです。

　たしかに、英語には暗記しなければならないことは多くあります。
しかし、一方で規則性も多くあります。それに気づくと、暗記する情
報を減らすことができます。その点で、大学受験科目でいうと、歴史
よりも化学に似ています。

　たとえば、個々の動詞が目的語に動名詞と to 不定詞のどちらをとる
かについて考えましょう。昔、ある学生が動名詞をとる動詞の方が少
ないので、それを全部覚えさせられたと聞いて唖然としたことがあり
ます。そんな教え方をされたら、英語が嫌いになって当然です。

　動名詞をとるか to 不定詞をとるかは簡単に判断できます。目的語の
動詞がメインの動詞より未来の行為の場合、目的語は to 不定詞をとり
ます。たとえば

I want to go home.

の場合、したい (want) と思った時点ではまだ家に帰っていません。こ
ういう場合は、to 不定詞をとります。

　一方、目的語の動詞がメインの動詞と同時あるいはそれより過去の
場合は動名詞になります。たとえば、

I stopped walking.

の場合、歩いていたのはそれをやめた (stop) のよりも前です。こうい
う場合は動名詞をとります。

　こうした使い分けは、to 不定詞が未来の「雰囲気」を含んでいるこ
とさえ理解していれば、丸暗記に頼らなくても自然にできるようにな
ります。　　　　　　　　　　　　　　　　　　　　　　　（つづく）

3章　科学技術英語の"常識"

英語らしくない表現

次の二つの例文の日本語に対応する英語について、どこを修正すべきでしょうか？

例文1

（日本語）

このフィルターではノイズを除去できないことがある。

（英語）

There are the cases that the filter cannot remove the noises.

例文2

（日本語）

腫瘍については、全て病理検査によって確認されているデータのみによって構成されている。

（英語）

About the tumors, all consist only of data proved by pathological examinations.

💡 ヒント

英語として見たことがある表現かを考えてみよう。何を主語にして、何を動詞にすると、自然な英語に見えますか。

例文 1

There are the cases that the filter cannot remove the noises.

↓

The filter occasionally fails to remove the noise.

例文 2

About the tumors, all consist only of data proved by pathological examinations.

↓

The tumor data consist only of those proved by pathological examinations.

◆解説◆

　問いの例文1も例文2も、日本語を見た後に英語を見ると、とくに問題がない英語に見えるかもしれません。日本語で書いていることをそのまま反映した英語になっています。ただ、英語として見ると、いずれの文も違和感があります。

　例文1は、日本人にありがちな英語です。「～がある。」という日本語に対して、反射的に"there is (are)"構文を使う人は多くいます。ただ、p.101の項目でも述べたとおり、英作文において動詞の選択は非常に重要です。

　英語の文においてメインの動詞は基本的に一つしかありません。"there is (are)"構文を使うということは、そのメインの動詞に be 動詞を選択することを意味します。けれども、この文の主役は「存在す

る」という動詞でしょうか。

"There is an X." は "An X is there." の倒置で、X が存在するという事実を強調するものです。しかし、科学的内容として、この文で重要な情報は「除去できない」の方だと考えられます。ですから、それを軸にして文を組み立てる方が自然な英語になります。

なお、例文1はそもそも文法的に間違っている点があります。"the case that" の部分は "the case where" とする必要があります。同格の that の先行詞は、発言や信条を表す名詞（statement, belief など）に限られます。ですから、この場合は関係副詞でつなぐ必要があります。

例文2には、動詞ではなく、主語の設定に不自然さがあります。すでに述べたとおり、日本語では主語が明示されないため、主語が何かが曖昧になりがちです。ここでは、動詞 "consist of" の主語として "all" を採用していますが、それが何を指すのかが曖昧です。

日本語の文では修飾句となっている「腫瘍については」の部分ですが、これは意味的には主語に相当するものです。ですので、英語で書くときは、これを主語の中に含んだ方が論理的にすっきりします。

ポイント

● メインとなる動詞は何か考える。

● 動詞の主語が適切かを確認する。

● 「〜がある」の訳として、必ずしも「There is 〜」構文が適切とは限らない。

コラム　英語の雰囲気のつかみ方（その2）

　英語の雰囲気をつかむのに役立つものとして、ぜひ覚えて欲しいのが接頭語と接尾語です。接頭語と接尾語の意味を知っていると、見たことがない単語でも、ある程度意味を推察できる場合があります。また、新出単語が覚えやすくなるという利点もあります。

　日本語でも、見たことのない熟語の意味が想像できることは多いのではないでしょうか。たとえば、「空隙（くうげき）」「邁往（まいおう）」といった熟語は知らない読者も少なくないでしょうが、いずれも個々の漢字の意味は知っているので、どういう意味かは想像できるのではないでしょうか。英語の接頭語、接尾語を知っていることも、同様の効果をもたらします。

　たとえば、（手書き）原稿という意味の manuscript という単語があります。これは manu と script を組み合わせた単語です。

　manu（mani）には「手」という意味があり、この接頭語を使った単語には manual（手引き）、manipulate（操作する）、manufacture（製造、製造する）など、「手」に関するものが多くあります。

　一方、script の方は「書かれたもの」という意味があり、description（描写）、subscription（署名）、prescription（処方）などの単語があります。

　このように、接頭語と接尾語の雰囲気をつかむだけで、英語力は目に見えて向上すると思います。

日本人に多い文法の間違い

　最近の英語教育は、これまでの文法重視から会話重視になっています。しかし、英語論文の作成を考えると、この教育方針の変換は大きなマイナスです。文章を書くためには、文法を正しく理解しておく必要があります。会話ならジェスチャーなどでカバーできますが、作文の場合、文法的に正しく書かれていないと、何を伝えたいのかまったく分からない文章になります（p.116とp.121のコラムを参照）。

　本節では、日本人が犯しやすい文法的間違いに絞って、文法的に正しい英語の書き方を解説します。ただ、この本で英文法の基礎を全て解説するわけにはいきません。英文法の知識があやふやな人は、まずは中学高校の教科書や参考書で復習することを強くお勧めします。

❘ **自動詞と他動詞**

Question

　　　　次の日本語に対応する英語について、どこを修正すべきでしょうか？

（日本語）

最も長時間飛行できるドローンが実現する。

（英語）

A drone with the longest flight time attains.

💡 ヒント
　動詞の主語や目的語が適切か考えてみよう。

動詞を受動態にすべき。

A drone with the longest flight time attains.

↓

A drone with the longest flight time is attained.

◆解説◆

p.101 の項目で、動詞が英語の文の基軸になると述べました。動詞の選択の次に考えるべきことは、その動詞の主語（命令形を除く）・目的語（他動詞の場合）の選定です。その動詞がどういう名詞を主語および目的語にとるかを理解していないと、適切な作文はできません。

英語では、動詞が自動詞の場合、

・第一文型（主語＋述語）、

・第二文型（主語＋述語＋補語）

をとり、他動詞の場合は、

・第三文型（主語＋述語＋目的語）、

・第四文型（主語＋述語＋間接目的語＋直接目的語）、

・第五文型（主語＋述語＋目的語＋補語）

をとります。目的語が入るか入らないかが重要な違いです。

この例文の場合、"attain"は他動詞です。"attain"は主語に何かを達成（実現）する人、目的語に達成されるものをとります。よって、"The longest flight time"は attain の目的語になるので、この場合は受動態を使わなくてはなりません。

なお、動詞によっては、自動詞と他動詞の両方に使えることがあります。ただし、"run"のように、自動詞と他動詞で意味が大きく異なる（前者は「走る」、後者は「運営する」）場合もあるので、注意が必要です。

◆よくある間違いの例◆

　このクイズで紹介した種の間違いは、日本人に非常に多くあります。これには、日本語が主語を曖昧にする言語であることが影響しているものと思われます。実際、日本人が英語でインタビューを受けるとき、"I am exciting." と発言するシーンをこれまで何度か見たことがあります。

　"excite" の場合、主語は興奮させるもの（人の場合もあり）、目的語は興奮させられるもの（主に人）になります。自分が興奮している場合は、自分は興奮させられている側なので、"I am excited." と受動態にするのが正しい英語です。

ポイント

● 自分の使おうとしている動詞が自動詞か、他動詞かを確認する。

● その動詞が、主語や目的語にそれぞれどのような名詞をとるか注意する。

● 他動詞には目的語が伴う。

分詞の使い方

Question

次の三つの例文の日本語に対応する英語について、
それぞれどこを修正すべきでしょうか？

- -

例文1
（日本語）

ディスプレイと観察者の間に設置された鏡は、プラスチックで
できている。

（英語）

The mirror placing between the display and the observer is
made of plastic.

例文2
（日本語）

装置が大きくなりすぎないように、光を反射する鏡を挿入しな
ければならない。

（英語）

A mirror reflected the light has to be inserted so that the
device may be compact enough.

例文3
（日本語）

物体はセンサーから遠く離れていたため、検出することができ
なかった。

（英語）

Located far from the sensor, it could not detect the object.

問題の英語には、動詞が現在分詞や過去分詞となって登場している
箇所があります。分詞とその分詞が修飾している部分の関係に注目
してみよう。

Answer

例文 1

The mirror placing between the display and the observer is made of plastic.

↓

The mirror placed between the display and the observer is made of plastic.

例文 2

A mirror reflected the light has to be inserted so that the device may be compact enough.

↓

A mirror reflecting the light has to be inserted so that the device may be compact enough.

例文 3

Located far from the sensor, it could not detect the object.

↓

Located far from the sensor, the object could not be detected.

◆解説◆

　分詞の使い方を考えるうえでも、自動詞・他動詞の区別は大事になります。例文1の場合、鏡は place（設置する）の主語ではなく、目的語です。鏡は設置する主体ではなく、設置されるものです。ですから、現在分詞ではなく、受動態に対応した過去分詞（placed）を用いる必要があります。

逆に例文2の場合、鏡はreflect（反射する）の主語であって、目的
語ではありません。鏡が光を反射する主体です。この場合は、過去分
詞ではなく、現在分詞（reflecting）を用いる必要があります。

　例文3は分詞構文です。分詞構文は副詞節のある文章の短縮形です。
副詞節を使って例文3を書くと、

　　Since the object was located far from the sensor, the sensor (it)
　　could not detect the object.

となります。分詞構文で副詞節の主語を省略できるのは、主節の主語
と一致している場合です。上の文では、副詞節の主語と主節の主語が
異なっています。分詞構文で主語を省略するには、副詞節の主語と主
節の主語を揃える必要があります。すなわち、

　　Since the object was located far from the sensor, the object
　　could not be detected (by the sensor).

と一度変形してから分詞構文化すると、分詞の主語を省略すること
でき、答えのとおりになります。

ポイント
●分詞とその分詞が修飾している部分の関係
　を考える。
●分詞が修飾している部分が目的語に相当す
　るときは、過去分詞を用い、主語（主体）に
　相当するときは、現在分詞を用いる。

コラム　文法軽視の風潮への警鐘（その1）

　今、学校の英語教育は文法よりも会話を重視しようとしています。これは、少なくとも理工系の人材育成にとっては大きなマイナスになります。

　よく、母国語は文法を勉強しなくても話せるようになるのだから、文法など勉強する必要はないと言う人がいます。けれども、この考え方は間違っています。母国語と同じやり方で言語をマスターしようとすれば、一日中その言語で生活する必要があります。

　もちろん、一日中とまで言わなくても、一日4, 5時間英語で生活していれば、文法を意識しなくても英語が書けるようになるでしょう。けれども、そこまで英語漬けになる余裕のある人がどれだけいるでしょうか。

　文法を勉強することは、短い学習時間で英語を書けるようになるための最短の道です。文法があやふやでも、単語の意味を知っていれば、類推で英語を読むことはある程度可能です。ところが、文法がしっかりしていないと、意味が通じる英語を書くことはできません。　　　　　　　（つづく）

関係詞の使い方

　　次の日本語に対応する英語について、どこを修正すべきでしょうか？

（日本語）

われわれは装置の左側に温度を測定するセンサーを取り付ける。

（英語）

We set a sensor measures the temperature on the left side of the device.

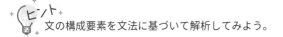

ヒント

文の構成要素を文法に基づいて解析してみよう。

> **A**　主格の関係代名詞は省略できない。
>
> （修正例）
>
> We set a sensor measures the temperature on the left side of the device.
>
> ↓
>
> We set a sensor that measures the temperature on the left side of the device.

◆解説◆

　この例文の間違いは、英語ができる人にはあり得ないように思えるかもしれませんが、私がこれまで英語の論文作成指導をしてきた中では、最もよく遭遇した誤りのパターンの一つです。

　この章の最初に述べたとおり、英語の文は動詞を中心に組み立てられます。複数の動詞を and で並立させる場合を除き、主節の動詞は一つに定まります。ところが、上の英語の例文には set と measures という二つの動詞があり、どちらが主節の動詞か分かりません。

　この間違いをする学生に聞いてみると、関係節において関係代名詞を省略したと答えます。しかし、関係節で関係代名詞を省略できるのは目的格の場合だけです。

　目的格の場合は、名詞が続くことで関係詞がなくても関係節が始まったことが分かります。一方、主格の関係代名詞を省略すると、どこからどこまでが関係節かが不明瞭になります。その結果、どれが主節の動詞かが分かりにくくなるので、関係詞は省略できません。

　なお、主格の代名詞は先行詞が人間なら who、物なら which ですが、論文の場合は答えのように、格式ばった that を使う方が好まれます。

冠詞の使い方

Q 次の英語は、日本人が書いたものと、それをネイティブの人が直したものです。どちらが直した後の英語でしょうか？

----

① One way to realize a directional backlight is to place a convex lens array in front of dot matrix light sources to generate collimated light. The viewing zone of an autostereoscopic display with a directional backlight using a convex lens array is analyzed based on optical simulations.

② One way to realize directional backlight is to place a convex lens array in front of dot matrix light sources to generate collimated light. The viewing zone of autostereoscopic display with directional backlight using a convex lens array is analyzed based on optical simulations.

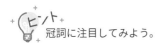
ヒント
冠詞に注目してみよう。

．．

【上の英語の日本語訳】

指向性バックライトを実現する一つの方法は、平行光を生成するために、ドットマトリックス光源の前に、凸レンズアレイを配置することである。凸レンズアレイを使用する指向性バックライトを備えた裸眼立体視ディスプレイの視域は、光学シミュレーションに基づいて分析される。

①（不定冠詞が不足していない方が正しい）

①には以下の色字部分に、②に比べて不足せず不定冠詞が入っている。

One way to realize a directional backlight is to place a convex lens array in front of dot matrix light sources to generate collimated light. The viewing zone of an autostereoscopic display with a directional backlight using a convex lens array is analyzed based on optical simulations.

◆解説◆

　日本人が書く英語は、冠詞が必要なところに冠詞が入っていないことが多くあります。英語が母国語の友人に日本人が書いた英語を見せると、しばしば冠詞を入れるようにと指摘されます。

　もちろん日本でも、定冠詞（the）がつかない単数の可算名詞には、不定冠詞（aやan）を必ず入れるようにと文法の授業で教わります。問題は、同じ名詞が可算名詞とも不可算名詞とも解釈できそうな場合です。日本人は、多くの場合、その名詞を不可算名詞のように扱う傾向があります。ところが、英語ネイティブの人は、ほとんどの場合、そうした名詞を可算名詞として扱います。そのため、日本人の書いた英語は必要な箇所に不定冠詞がない文である、とネイティブの人には感じられるようです。

　英語における冠詞の役割は、日本語の助詞に似ています。間違っていても通じるのですが、使い方を間違っていると不自然な文に見えます。可算名詞と解釈しうるものは基本的に可算名詞として扱い、不定冠詞を付けるようにすると、ネイティブの人にとっても自然に感じられる英語に近づくでしょう。

もちろん、既出のものを指す場合は、定冠詞を使うことになります。定冠詞と不定冠詞の使い分けも丁寧にするように心がけましょう。

コラム　文法軽視の風潮への警鐘（その2）

　英会話は、話す能力と聞く能力からなります。今の英語教育では、読み書きができても英会話ができないから、会話重視の教育が必要だと言う人がいますが、これは必ずしも正しくありません。「話す」ことは「書く」ことのリアルタイム処理であり、「聞く」ことは「読む」ことのリアルタイム処理です。リアルタイム処理の方が、瞬発力が必要なため、より難しいのです。

　英会話の方が簡単に見えるのは、そこで想定されている会話の内容が旅行に使うような簡単な情報交換に限られているからです。技術や研究に関する英会話をするには、書くことと読むことができることが前提になります。書く・読むことをリアルタイムに処理できれば、話す・聞くことが可能になります。

　もちろん、話す・聞くには発音という別の技術要素が入りますので、そこは別途トレーニングする必要があります。けれども、高度な読み書き能力がなければ、簡単な会話をできる能力があっても、技術的な話題の情報交換はできません。それは、ネイティブの子どもが母国語でも難しい会話ができないことからも分かります。

　本文にも書いたとおり、この本は英語の教科書ではないので、日本人が英語の論文を書くときによくする間違いしか取り上げていません。英語の文法力に不安がある人は、この機会に一度復習することをお勧めします。

　論文らしい英語を書くためには、当然ながら英語の論文に触れる機会を増やす必要があります。何よりも真似をするのが学習の近道です。しかし、論文のどの部分に着目して真似をすればよいのかが、最初のうちは分からないと思います。そこで、ここでは注目すべき着眼点を中心に紹介します。

　それだけならば、他にも参考になる本が多くありますが、本書ではさらに、進化が目覚ましい IT 技術を英語の論文執筆に活用する方法についても紹介します。具体的には、検索エンジンと自動翻訳について具体例を取り上げます。

最近は便利な技術が
増えました

論文でよく使う表現

次の日本語を英語にしてください。

抵抗を R とおこう．オームの法則は

$$V = IR$$

と表される．ただし，V は電圧，I は電流である．図1に示すように、電圧が増加すると電流は線形に増加する。

💡ヒント

数式が入った英語論文などを参考にして作文してみよう。

また、問題文に出ている用語の英単語を忘れてしまった人のために、以下を載せておきます。

- 抵抗：resistance
- オーム：Ohm
- 電圧：voltage
- 電流：current

Answer

Let R be the resistance. Ohm's law is given by

$$V = IR,$$

where V is the voltage and I is the current. The current increases linearly as the voltage increases, as shown in Fig. 1.

◆解説◆

　こういう英語は、英語の教科書には出てきませんが、論文では多用されます。論文を読めば頻出しますので、自然に身に着くものですが、ここでは、問題の1文ずつに対応させて、論文でよく出てくる表現を紹介していきましょう。

　まず、問題の1文目について、「X を Y とおく。」は

　　　Let X be Y.

と表現します。これは非常によく出てくる表現です。

　次に、2文目に着目します。日本語の論文の書き方でも説明したとおり、数式は文の構成要素として書きます。ただ、英語の場合は語順の関係で文の最後にもっていくことが可能です。よく使われるのは、

　　　X is written in the form

　　　　　$X = YZ.$

や

　　　X is given by

　　　　　$X = YZ.$

です。最初の X は、続く式に出てくる X そのものでなくてもよく、$X=YZ$ のかたまり（問いの "Ohm's law" など）を指すような

　　　○○（法則の名称など）is given by

　　　　　$X = YZ.$

も可能で、他にもいくつかバリエーションはあります。

なお、2章（p.74）で述べたとおり、変数パラメータはイタリック体にし、等号の前後には半角スペースを入れるのを忘れないようにしましょう。

　また、ただし書きを後から付け足す場合は、一旦文を切って Here で始めるか、あるいは文を切らずに関係副詞 where でつなぎます。この表現を使って書かれたのが2文目です。

　他にも、論文でよく使う接続語として、Hence や Thus があります。これは、日本語の「こうして」「このようにして」に対応するもので、英語の In this way の格式ばった表現です。

　最後に3文目についてです。理系の論文では図が多用されますが、前章でも説明したように、本文中で必ず図に言及する必要があるのは英語論文でも同じです。図に関する言及は、

　　　A is shown in Fig. X.

あるいは

　　　A is B, as shown in Fig. X.

といった表現で行われるのが普通です。

　クイズに出てきた表現の他にも、論文でよく使う表現はたくさんあります。ごく一部ですが、次のページの表3.1 にまとめておきますので、この機会に覚えておきましょう。

表 3.1　論文でよく使う表現

英　語	意味（日本語）
Let X be Y.	X を Y とおく。
X is written in the form 　　$X = YZ.$	X は 　　$X = YZ$ の形に書かれる。
X is given by 　　$X = YZ.$	X は 　　$X = YZ$ によって与えられる。
, where X is A.	ここで、X は A である。
A is shown in Fig. X.	A は図 X に示される。
A is B, as shown in Fig. X.	図 X に示すように、A は B である。
A denotes B.	A は B を意味する。
A is denotes by (as) B.	A は B で表される。
A is substituted for B.	A を B に代入する。
Note that A is B.	A は B であることに留意されたい。

ぜひ覚えて
おきましょう

論文で不適切な表現

　これまで述べてきたように、論文ではある程度格式ばった表現を使うことが求められます。最近はかなり緩くなってきている分野もありますが、格式を守った英語を書いて損をすることはないので、一通りの知識は知っておいた方がよいでしょう。

Question

　　　次の二つの例文の英語を論文らしい英語に修正してください。

例文1

In the conventional studies, statistical machine learning was used to detect errors. But minor errors couldn't be detected. So I apply deep learning in this paper.

例文2

In the experiment, the temperature of water is maintained at 25 ℃.

ヒント

英語にも口語的表現と文語的表現があることに注意し、表現を変えるべき箇所を探してみよう。また、論文に書かれるという状況では、どの時制が適切か考えてみよう。

例文1

In the conventional studies, statistical machine learning was used to detect errors. But minor errors couldn't be detected. So I apply deep learning in this paper.

↓

In the conventional studies, statistical machine learning was used to detect errors. Minor errors, however, could not be detected. Therefore, deep learning is applied in this paper.

例文2

In the experiment, the temperature of water is maintained at 25 ℃ .

↓

In the experiment, the temperature of water was maintained at 25 ℃ .

◆解説◆

　まず、例文1についてです。一般に、接続詞として And, But, So などを文頭に使うのは、口語的過ぎて論文には向かないとされています。ただし、not only ～ but also のような形で、文中で使うことはまったく問題ありません。**But の代わりには However や Nevertheless、So の代わりには Therefore を用います**。なお、However は文頭ではなく、文中に入れることもよくあります。また、これらは接続詞ではなく副詞なので、カンマで区切る必要があります。

　同じ理由で、**"isn't"や"can't"などの短縮形**も使わず、"is not"や

"cannot"といった短縮のない形を使うのが**基本**です。例文１の場合、
"couldn't"は"could not"と書くのが適切です。

　また、日本語の場合と同じですが、主語として"I"を用いることは
避けることが好ましいです（著者が複数の場合の"we"は論文でも広
く使われています）。修正例のように、受動態を用いて主語を隠すの
が常套手段です。主語を第三者化して"the author"と書く方法もあり
ます。ただし、こうした堅苦しい表現は最近はあまり使われなくなっ
ているようです。

　時制については、日本語論文の説明でも述べましたが、基本は現在
形を使います。しかし、過去の研究について触れる場合には、過去形
を使います。さらに、自分の研究についても、実験条件などを説明す
るときは過去形を用います。よって、例文２では過去形を用います。

　なお、日本人には理解しにくい時制ですが、現在完了形も英語では
多用される時制です。Conclusion（結論）で自らの論文でしたことを
まとめるときは、現在形を使う著者と現在完了形を使う著者が論文に
よって混在しています。

◆その他の決まり事◆

　昔からある論文を書くときの決まりとして、他にも以下のようなも
のがあります。
- Fig. 1 のような省略形は、文頭にくる場合は用いない（Figure 1
  と書く）。
- 数字は１桁の場合はアラビア数字ではなく、one, two のように英
  単語で書く。

ただし、これらについては、現在は守られていない場合も多くあり、
学会によっては意識しなくてもよいかもしれません。ですので、自分
が投稿する論文誌に掲載されている論文を参考にして、これらのルー
ルに従うか否かを決めるとよいでしょう。

ＩＴ技術の活用

◆完全一致検索の活用◆

インターネットが普及する前から英語で論文を書いている身としては、今は非常に恵まれた時代になっていると感じます。英語の文法を正しく理解して、文法に忠実な文章を書いても、英語が母国語でない以上、それが英語として自然かどうかは自分では分かりません。

ところが、今はそれを確認する方法があります。それは検索エンジンの利用です。検索エンジン Google には、**「完全一致検索」（ダブルクォーテーション検索）**という機能があります。

たとえば、さきほどのクイズの例文にあった「温度を 25 度に保つ」という表現において、動詞に何を使うか、前置詞に何を使うかは迷うところだと思います。そのとき、候補になる表現をダブルクォーテーションで括って検索すると、語順どおりにその表現が使われている例を検索することができます。検索の結果、ネイティブの書いた文章が多く検索にひっかかったならば、その表現は自然な英語であると確認することができます。

たとえば、候補として

① "the temperature was maintained at"

② "the temperature was maintained to"

③ "the temperature was kept at"

④ "the temperature was kept to"

を検索エンジンに入力すると、①と③は多くの例とマッチング（一致）しますが、②と④はほとんどマッチングしません。ですので、①と③のどちらかの表現を使えば無難であることが確認できます。

読者の皆さんも、上記の①～④や気になる表現を自分で検索し、それぞれどれくらい検索にひっかかるかを確認してみてください。

◆文法チェックソフトの活用◆

英語らしい表現の前に、英文法のレベルに不安がある人にお勧めしたいのが、文法チェックソフトの活用です。代表的なものとして、Grammarly と Ginger があります。ただし、論文らしい英語を書くと、それに対して修正を助言される場合もあるようなので、使い方には注意が必要です。

◆自動翻訳サービスの活用◆

最後に、今最も注目すべきツールが、Google 翻訳や DeepL などの自動翻訳サービスです。ここ 1, 2 年で自動翻訳技術のレベルは大幅に進歩し、かなり使えるレベルになりました。

しかしながら、日本語から英語への翻訳にはまだ問題があります。前章でも述べたとおり、日本語は曖昧性の強い言語です。そのため、人工知能（AI）では正確に意味を読み取れないことも多くあります。最大の難関は、日本語ではしばしば主語が省略されることです。その場合、自動翻訳では正しい英文に訳出できなくなります。

ですので、自動翻訳ソフトを使う場合は、「主語を省略せず、できるだけ英語の直訳調の日本語を作文して、それを翻訳にかける」という使い方をすることが必要です。

たとえば、
「開発したシステムのエネルギー効率を評価する。」
を Google 翻訳にかけると、
"Evaluate the energy efficiency of the developed system."
となり、命令形になっていて、このままでは完成した文になっていません。
一方、主語を補って
「我々は開発したシステムのエネルギー効率を評価する。」

とすると、

"We evaluate the energy efficiency of the developed system."
と訳し出されます。

　ただし、自動翻訳ツールの進歩は日進月歩なので、今ここに書いたことが、しばらくすると古くなる可能性はあります。最新の情報は、随時自らチェックすることをお勧めします。

　なお、本題からは若干ずれますが、英語は日本語よりも論理的な構造を持つため、英語から日本語への自動翻訳は、日本語から英語への自動翻訳よりも信頼性が高くなっています。

　実際、私は次のような経験をしたことがあります。指導する学生が、日本語論文のイントロダクションで、今までの彼の作文能力では考えられない名文を書いてきました。そこで、どのように作文したかを尋ねると、私が書いた英語論文のイントロダクションを自動翻訳にかけて、それを加工したことが判明しました。

　1章で述べたとおり、論文の文章をそのままコピー＆ペースト（copy & paste）するのは剽窃行為に該当し、著作権侵害です。しかし、自動翻訳をかけたものをそのまま貼りつける場合については、まだ明確なルールが定まっていません。この点については、今後社会的議論の対象になると思いますので、注目しておいてください。

英語が勉強しやすい時代

　グローバル化が進んだ現在、世界共通語の地位を占める英語を操る能力は、仕事上で非常に有力な武器になります。もちろん、今後人工知能の進歩により音声認識や自動翻訳の技術の精度がさらに高まっていくと、英語力の経済的価値は低下していく可能性はあります。

　たとえば、昔は毛筆で表彰状を書くアルバイトがあり、書道の技術は経済的な価値がそれなりにありましたが、プリンタの普及でそうしたアルバイトは減っています。人工知能技術は英語の世界に同様の影響を将来もたらす可能性があります。しかし、そういう時代の到来はまだもう少し先になるでしょう。

　自動翻訳技術が進歩しても、もとの日本語が理解可能な文章でなければ、正しい英語にはなりません。さすがに、頭で思い描いたことを論理的な文章に変換する技術の誕生は、だいぶ先のことになりそうですから、母国語でしっかりした文章を書く能力の経済的価値は、皆さんが現役で働いている間は減じることはないと思われます。

　自動翻訳技術への期待で、英語を勉強するモチベーションが低下している人もいるかもしれませんが、前章でも述べたとおり、英語は論理的な文章を書くのに適しており、英語を勉強することは、論理的な日本語を書く能力を磨くうえでもプラスになる面があります。ですから、たとえ自動翻訳技術が進歩した時代でも、英語を勉強することは決して無駄にはなりません。

　IT技術の進歩は、英語の学習をしやすい環境づくりにも多大な貢献をしています。ところが、その恵まれた環境を活かしている人は非常に少数に留まっています。

　私が若い頃は、ネイティブの英語に触れられるのは、在日米軍のラジオ放送か、NHKラジオ第2とNHK教育テレビジョン（現Eテレ）の英語講座ぐらいしかありませんでした。しかし今は、インターネット上にあらゆるジャンルの動画が大量に存在しています。ですので、自分の興味のある分野の英語動画に簡単にアクセスできます。

　たしかに、教科書に載っている英語の文は面白みに欠けるものがほとんどです。そういう英語に接しても、英語を勉強したいというモチ

ベーションは上がらないでしょう。でも、自分が興味のある内容なら、話は別です。

　もちろん、いきなり英語の動画を見ても、内容がまったく理解できないということがあるかもしれません。しかし、たとえば YouTube には自動音声認識で字幕を表示する機能があります。また、再生速度を遅くして、ゆっくり喋らせることも可能です。これらの機能を駆使すれば、高校卒業程度の英語力があれば、その内容を把握することは十分可能です。

　動画サイトを定期的に見るようになれば、そこで頻出する表現は自分でも使えるようになります。気に入った台詞は自然に覚えるものです。

　最近では、MIT などの世界の有力な大学が、講義をインターネット上で公開しています。私もこうしたコンテンツにはしばしばアクセスしています。自分の専門分野の講義を英語で聞いていれば、英語の論文作成には大きなプラスになります。

　世界には講義の上手な教授がいます。私も、それまで理解できなかったことを、ネット上の講義で学習して理解できたことが何度かあります。そういう講義を探して勉強すれば、専門知識の習得と英語力の向上を一石二鳥で達成することが可能です。

　インターネットの進歩により、皆さんは一世代前の人たちよりも遥かに学習がしやすい環境に恵まれています。ぜひとも、それを活かして自らの能力向上に役立てて欲しいと思います。

4章

章

研究発表・プレゼンの
"常識"

スライド作りの基礎

　この章では、研究成果の発表において、よりよいプレゼンテーション（プレゼン）をするための技術を紹介します。研究発表のスタイルは、スライド（パワーポイントやキーノートなど）を使った口頭発表とポスター発表の二つに大別されます。また、使用言語については、母国語である日本語での発表と国際学会の共通語である英語での発表があります。それぞれの場合で注意すべき点について、順に説明していきます。

　この章でこれから紹介する内容はほぼ全て、私が聞き手だったときに分かりにくかったことを書きとめて、自分や指導する学生のプレゼンテーション作りに活かしてきた事項です。

　本節では、まずスライド発表について基本的な事項を述べることにします。

まずは基本から

聞き手のことを考える

　研究発表の目的は、自分の達成した研究成果の内容を他人に伝えることです。ですから、プレゼンテーションでは、**聞き手の立場になって考えることが一番大事**になります。しかし、現実には自分視点で話を続けて、聞き手に分かりにくくなっている発表が多くあります。

　聞き手のことを考えるというのは至極当たり前のことに聞こえると思います。また、これまでもそのように指導されてきたことは一度や二度ではないでしょう。それでも、このことを実践できている人は意外に少ないのが現実です。

　とくに、研究室に入りたての学生は、自分中心でしか物が見えていないことがよくあります。発表の聞き手が自分の話していることを一言一句漏らさずに聞くのが当たり前だという態度です。けれども、あなたの話すことをそこまで熱心に聞いてくれるのはご両親ぐらいです。ですから、私は学生に「僕は君のママじゃない」とよく言います。

　人々が他人の話をどれだけ真面目に聞いているか。それは自分が普段講義でどの程度話を聞いているかを考えれば、容易に想像できるでしょう。おそらく、真面目に聞いている時間はよくて半分、通常は3分の1ぐらいではないでしょうか。

　だから、私は**普段講義を受けている自分のような人間が聞き手だと思って話をする**ようにと指導しています。つまり、話を3分の1の時間しか聞いていなくても概要がつかめるようなプレゼンテーションでないと、多くの人には内容が頭に入らない研究発表になってしまうのです。

では、集中して聞いていない聴衆にも理解できるような研究発表にするためには、スライド作りでどのようなことに注意すればよいでしょうか。

　まずは、一つ目の例を見てみましょう。

次の 2 枚のスライドは、ある研究発表の一部です。
これらのスライドを見て、修正すべき点を指摘してください。

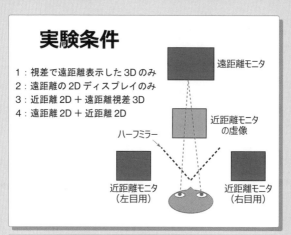

実験条件

1：視差で遠距離表示した 3D のみ
2：遠距離の 2D ディスプレイのみ
3：近距離 2D ＋ 遠距離視差 3D
4：遠距離 2D ＋ 近距離 2D

遠距離モニタ

近距離モニタ
の虚像

ハーフミラー

近距離モニタ
（左目用）

近距離モニタ
（右目用）

実験結果と考察

提示時間	0.1 s	0.2 s	0.3 s
条件 1 の正解率	53%	59%	68%
条件 2 の正解率	35%	36%	49%
条件 3 の正解率	34%	46%	60%
条件 4 の正解率	9%	18%	24%

条件 3 は、条件 4 に
だけでなく、条件 2
に対しても 0.2 s、
0.3 s で有意に正解率
が高い
（有意水準 5%）

ヒント
2 枚目のスライドだけを見たとき、どのような印象をもちますか？

Answer

2枚目のスライドに1枚目で説明した条件を入れるべき。

実験結果と考察

提示時間	0.1 s	0.2 s	0.3 s
条件1の正解率	53%	59%	68%
条件2の正解率	35%	36%	49%
条件3の正解率	34%	46%	60%
条件4の正解率	9%	18%	24%

条件
1：視差3Dのみ
2：遠距離2Dのみ
3：近距離2D + 視差3D
4：遠距離2D + 近距離2D

条件3は、条件4にだけでなく、条件2に対しても0.2 s、0.3 sで有意に正解率が高い
（有意水準5%）

◆解説◆

　これは、聞き手のことを考えていないスライド作りの典型例です。1枚目のスライドでは実験条件1～4の内容を説明しています。そのうえで、2枚目のスライドではそれぞれの条件での実験結果を示しています。

　ここで問題なのは、2枚目のスライドに実験条件の1～4の内容を示す手がかりが何もないことです。もちろん発表者は、実験1～4についてそれぞれが何を指すのかはよく覚えています。しかし聞き手は、1枚のスライドで1回説明を受けただけでは、それを覚えられません。

　それぞれの実験条件を細かく説明し直す必要はありませんが、それぞれの条件がどのようなものかを要約する記述を提示しておくと、聞き手は内容を把握しやすくなります。よって、2枚目のスライドは答えのように修正すべきです。このように、聞き手が集中して聞いていなくても内容が頭に入るように、1回見ただけでは覚えられそうにないことは、簡素でよいので、再度示しておくとよいでしょう。

聞き手のことを考えるという点について、もう一つ具体例を挙げましょう。

Q

まとめのスライドの後、発表の最後に、次のようなスライドを見せる発表者がよくいます。あなたは、このスライドを入れるべきだと思いますか、入れない方がよいと思いますか？

ご清聴ありがとうございました。

ヒント
聞き手が長く見ておきたいスライドは？

Answer

入れない方がよい。

◆解説◆

　こういうスライドを入れるかどうかは、単に個人的趣味に委ねられると思うかもしれません。この種のスライドは日本人を含むアジア人に多く見られます。最後に聞き手に感謝することは礼儀に適うと思う人もいるでしょう。

　しかし、研究発表の目的は、あなたの人間性をアピールすることではありません。研究内容を伝えることです。その点からすると、この種のスライドを表示することには大きなデメリットがあります。

　通常の研究発表では、最後のスライドを見せた後、質疑応答の時間が始まります。そのため、最後のスライドがしばらく表示されたままになります。そのとき、「ご清聴ありがとうございました」が長々と表示されるのと、研究のまとめのスライドが表示されているのと、どちらがよいでしょうか。

　聞き手にとっては、研究のまとめのスライドが長く表示されていれば、研究の概要を復習することにもなりますし、質疑応答をするときのヒントにもなります。そう考えると、最後のスライドではまとめを表示しておいて、「ご清聴ありがとうございました」などの感謝は口頭で言う方が、聞き手にとってよりメリットがあるといえます。

　なお、質疑応答をスムーズにする配慮として、スライドにページ番号を打つことも効果的です。スライドに番号が振られていれば、質問者はスライドを指定して質問しやすくなります。

スライドデザインの基礎

　次に、個々のスライドのデザインの仕方について、具体的に見ていきましょう。最初にクイズです。

次のスライドの問題点を指摘してください。

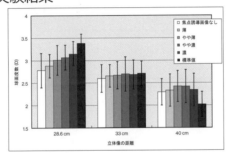

手前 (28.6 cm) でしか焦点誘導されていない
→ 手前の背景エッジが誘導の邪魔に？

　発表会場でスライドを見る聴衆（とくに後ろの方の席の聴衆）の
　立場になって考えてみよう。

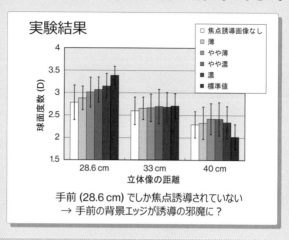

グラフ中の数字、軸の説明、図の凡例の字の小さい。

実験結果

凡例：
- □ 焦点誘導画像なし
- ▨ 薄
- ▨ やや薄
- ▨ やや濃
- ▨ 濃
- ▨ 標準値

縦軸：球面度数 (D)
横軸：立体像の距離（28.6 cm、33 cm、40 cm）

手前 (28.6 cm) でしか焦点誘導されていない
→ 手前の背景エッジが誘導の邪魔に？

◆解説◆

クイズのスライドの最大の問題点は、グラフ中の数字、軸の説明、図の凡例の字の小ささです。これでは、後ろの席からはとても読めません。

一般的に、**スライド中の字の大きさは 24 ポイント以上にする**ことが推奨されています。もちろん、これはあくまで標準的な数値です。私は、事前に発表会場が分かっている場合は、その会場の広さを意識してスライドの字のサイズを考えるようにしています。

学会などで観察すると、グラフや図以外の箇所については、字を大きくして見やすくする配慮をしている人が大半を占めます。ところが、グラフや図中の字が小さくて読めないことは非常に多くあります。図やグラフは作り直すのに時間がかかります。そのため、意識せずにそのまま貼り付けてしまう人が多いからだと思われます。

ですから、私は普段から、**図やグラフを作るときは、最初から字を大きくしておく**ように学生に指導しています。そうしておけば、それを後でプレゼンテーションのスライドや論文に貼り付けても、十分読める字の大きさになります。エクセルなどの表計算ソフトでグラフを作成する場合、標準の設定ではグラフ中の字や数字が小さくなるように設定されていますので、とくに注意してください。

　なお、エクセルの標準の設定には、グラフの外側に枠がつきますが、これもスライドに貼るときは邪魔になるので、消した方がよいでしょう。また、フォント（書体）はできるだけ読みやすいものを用いるよう配慮しましょう。

　これと同じことは、グラフ中の字だけではなく、図中の字についてもいえます。下のスライドのように、図中の字が小さいと、図の内容を読み取るのが非常に難しくなります。

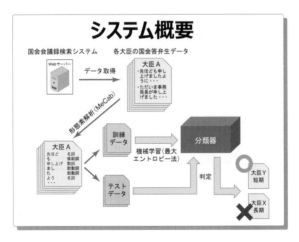

◆アニメーションの活用◆

　スライドの場合、アニメーションを効果的に使うと、字を大きく保ちながら、図を構成する部品（画像や模式図）の関係も見やすく配置することができます。以下にその例を示します。

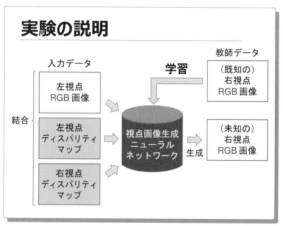

　　　　　　　　　　　　　⬇ アニメーション操作（クリック）

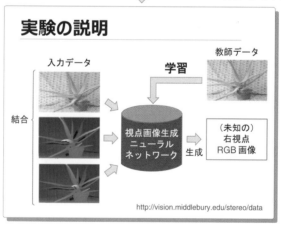

このスライドでは、最初に構成部品を文字で説明し、その文字が表す画像を文字と同じ位置に入れ替えて表示するアニメーションを用いています。こういう工夫をすると、内容が自然に頭に入りやすくなります。

◆スライド作りの基本◆

ここで、スライド作りで守るべき基本事項を整理しておきます。

1. 図表中の字も含め、文字のサイズを大きくする（標準は24 ポイント以上）
2. 読みやすいフォントを選ぶ（明朝系は避けた方がよい）
3. 多種類の色を混ぜて使わない（最大でも 2 〜 3 色程度）
4. アニメーションを多用しすぎない
5. 字の間隔・行間を空けすぎない。
6. スライドの背景デザインが図に重ならないようにする

これらの基本事項のうち、1. についてはすでにクイズや例で説明しました。残りの事項について、具体例を挙げて順に見ていきましょう。

◆フォント・色・アニメーションの選択◆

まず、下のスライドを見てください。気になる点はありませんか。

このスライドでは、フォントとして明朝体を使っています。この字体はこれまで使ってきたゴシック調の字体よりも細くて、スライドのように遠くから見る場合は読みにくいことが分かるでしょう。**基本はゴシック調**にすべきです。

また、それぞれの行で違う色を使っていますが、これもどこに注意を向けてよいか分からなくなり、情報が読み取りにくくなるので避けた方がよいでしょう。**文字に使用するのはせいぜい2、3色**です。

さらに、たとえば上のスライドに挙げられた四つの項目をアニメーションで1行ずつ出すのも避けるべきです。なぜなら、4行目の表示時間が非常に短くなるからです。

先ほど述べたように、話を半分以下しか聞いていなくても理解できる発表でなければ、多くの人の頭には入ってきません。一瞬の隙に情報が流れて消えてしまうようなスライド表示をすると、よほど集中している人以外はついていけなくなります。

◆字の間隔・行間を空けすぎない◆

　p. 143 のクイズで、字を大きくした方がよいと述べましたが、下の
スライド①のように字の間隔や行間を空けすぎると、かえって読みに
くくなります。本のページに収めていると気が付きにくいと思います
が、これをスクリーンに映し出すと、全てを読むのに視線の移動が必
要になります。人間の目は、中心窩とよばれる網膜の中心部分以外で
は低い解像度でしか画像を取り込めません。スライド②のように、視
線をあまり移動せずに一塊の文字群が読み取れるように配慮すること
をお勧めします。

スライド①

ディープラーニングを用いた CT 画像中の
臓器部位のセグメンテーションにおける
データオーグメンテーションの新手法

○○○○
××大学

スライド②

ディープラーニングを用いた CT 画像中の
臓器部位のセグメンテーションにおける
データオーグメンテーションの新手法

○○○○
××大学

◆背景デザインについて◆

　最近は背景に華美なデザインを使う人が増えています。確かに、背景デザインには、スライドに注意を引く効果があります。しかし、研究発表は研究内容を伝えることが主な目的ですから、デザインが目立ちすぎないように注意すべきです。

　デザインのテンプレートを用いるなら、下のスライドのように、下側に飾りがあるものを使うことをお勧めします。スライドの下側は一般的に会場からは見えにくいので、大事な情報は下端近くには置くべきではありません。下側に飾りのあるデザインならば、情報を自然と下端から離して配置しやすくなります。

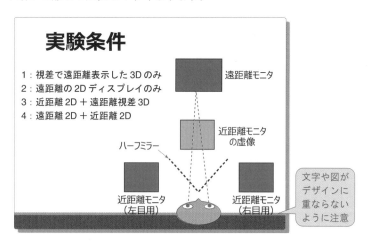

　ただし、このスライドでは、図が背景デザインにかかってしまっています。これは図が見にくくなる原因になります。図の配置にも注意が必要です。

言語の特性に応じた工夫

　スライドの作成においては、日本語や英語の言語的特性も考慮に入れる必要があります。

　まず、日本語のスライドの例から始めましょう。

Question

　次のスライドの問題点を指摘してください。

まとめ

- ➤ 虚像系の 3D HUD は画質面で難がある
- ➤ 両眼立体視のみを利用した非虚像系の 3D HUD は、虚像系の HUD に比べ、画質が優れているだけでなく、視認性も高い
- ➤ クロストークは 7% 程度以下なら実用上問題ない

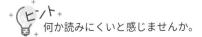

ヒント
　何か読みにくいと感じませんか。

単語の途中での改行がある。これは避けるべき。

> 虚像系の 3D HUD は画質面で難がある

> 両眼立体視のみを利用した非虚像系の
> 3D HUD は、虚像系の HUD に比べ、画
> 質が優れているだけでなく、視認性も高
> い

> クロストークは 7% 程度以下なら実用上
> 問題ない

（改善例）

まとめ

> 虚像系の 3D HUD は画質面で難がある

> 両眼立体視のみを利用した非虚像系の
> 3D HUD は、虚像系の HUD に比べ、
> 画質が優れているだけでなく、視認性も
> 高い

> クロストークは 7% 程度以下なら実用上
> 問題ない

◆解説◆

　日本語には、単語と単語の間が切れていない（膠着語）という特徴があります。そのため、通常の文章では改行位置が単語の途中になることが多くあります。しかし、短時間での理解が要求されるスライドの場合、こうした改行方法では情報が読み取りにくくなります。ですから、下側のスライドのように**改行位置が単語の切れ目になるように**変えることをお勧めします。

次は、英語のスライドの場合について見てみましょう。

次のスライドの問題点を指摘してください。

SUMMARY

Feature of the proposed method
- ➢ Achieve high DICE scores.
- ➢ Robust to noise.
- ➢ Require less calculation.

問題点は二つあります。
   ① フォントに注目してみよう。
   ② 英文法を考えて見よう。

フォントの選択と文法に配慮する。改善例は以下。

SUMMARY

The proposed method

> achieves high DICE scores.

> is robust to noise.

> requires less calculation.

◆**解説**◆

　問いのスライドには問題点が二つあります。

　一つは、"SUMMARY"のフォントが日本語の全角フォントになっている点です。これは英語圏の人には非常に不自然な字体に見えます。

　これと同じことを、我々は日本人としても経験することがあります。しばしば、中国人の留学生が日本語で通常使わない漢字のフォントを使用していることがあります。そのようなフォントを使われると、日本人には非常に読みにくくなります。

　外国語でスライドを作るときは、**その言語を使用する人たちに馴染みのあるフォント**を使って、彼らにとってできるだけ読みやすくなるように配慮しましょう。

　もう一つの問題が、英語での列記の仕方です。前章でも述べたとおり、日本語は主語を省略できる言語です。ツイッターや歌の歌詞を見れば分かるとおり、英語でも主語の省略は可能ですが、省略された主

語が明らかに分かるように工夫されています。

　ご存じのように、英語では主語のない文は命令文として機能します。ですので、主語を省略する場合は命令文（主語"you"の省略）と混同されないように注意する必要があります。たとえば、省略された主語が三人称単数であれば、動詞に三単現のsが付きます。こうしておけば、省略された主語は何かははっきりします。

ポイント
- 日本語のスライド
  改行位置が単語の切れ目になるように調整する。
- 英語のスライド
  英字用のフォントを使う。
  列記は英語のルールに従う。主語を省略するにしても、動詞は省略した主語に合わせて活用させる。

4 2

伝わる発表の仕方

　前節ではスライドの作り方の基礎について述べましたが、本節では、より分かりやすいスライドの作り方、およびビジュアル・マテリアル（視覚資料）を使っていかに分かりやすく話すかについて論じていきます。ここで紹介するポイントを守るだけで、平均以上の発表はできるようになるでしょう。

スペースの使い方

Question

次のスライドをより分かりやすくするために、あなたならどう修正しますか？

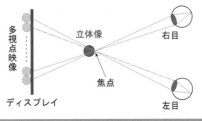

研究背景

超多眼表示

多視点映像を2〜5mm間隔で表示する。
単眼内に複数の視点映像を入射する。
2本以上の光線が交わる立体像上の1点に目の焦点調節を
合わせると、はっきりとした像が網膜上に結像される。

多視点映像　立体像　右目
焦点
ディスプレイ　左目

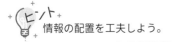

情報の配置を工夫しよう。

スペースを有効利用し、字を分散させる。

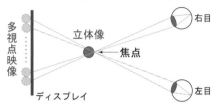

研究背景　超多眼表示

・多視点映像を2〜5mm間隔で表示
・単眼内に複数の視点映像を入射

多視点映像　　立体像　　右目
　　　　　　　←焦点
ディスプレイ　　　　　　左目

立体像の1点を通る2本以上の光線を
瞳孔内に入射 ⟹ 焦点調節を誘導

◆解説◆

　問いのスライドの問題点は、スライドの右上と左下部分に無駄な空白が残っていることです。また、字による説明が一か所に固まっているので、その部分を読む気が起きにくいと想像されます。

　長い文を読むにはそれなりの集中力が必要です。集中していなくてもある程度内容が把握できるようにするには、**字による説明を分散させる**のが有効です。説明文を分散させると、無駄なスペースに字を埋めやすくなるので、字を拡大して表示できることが多くあります。

　また、タイトルの「研究背景」の字が大きく、このスライドの内容を最も反映する「超多眼表示」のサブタイトルが小さいのも気になります。**情報量の大きい事項を目立たせる**方が、聴衆にとっては内容が把握しやすくなります。

情報の構造化

Question

次の二つの連続するスライドをより分かりやすくするために、あなたならどう修正しますか？

背景

Dupree et al.「政治思想によって言葉遣いが異なる」
という研究結果が発表

<u>政治家</u>

過去25年間の大統領候補者演説を集計
- **民主党候補者のみ**聴衆に黒人が多くいる場合、
  温かみのある言葉を用いて共感を得ようとする

<u>一般人被験者</u>

メールの文面を作成してもらう実験
- **リベラル派を自認する被験者のみ**白人宛てに比べて、
  黒人宛てのメールに平易な言葉を使用する

本研究の目的

「政治思想によって言葉遣いが異なる」という
現象は日本でも見られるのかを検証する
政治家・一般人を対象に二つの分析を行う

<u>政治家</u>

- 衆議院予算委員会の答弁データを
  民主党系・自民党系野党という2カテゴリに分割し、比較

<u>一般人</u>

- Amazon.jp の書籍レビューのレビュー文を
  保守派・リベラル派という2カテゴリに分割し、比較

4.2 伝わる発表の仕方 | 159

Answer

（修正例）

背景

**Dupree et al. (2018)
「政治思想によって言葉遣いが異なる」**

<u>政治家</u>
民主党候補者は、聴衆に黒人が多くいる場合、
温かみのある言葉を用いて共感を得ようとする

<u>一般人</u>
リベラル派の被験者は、黒人宛のメールで、
白人宛のメールより**平易な言葉**を使用する

本研究の目的

日本の「政治思想による言葉遣いの差」を検証

<u>政治家</u>
衆議院予算委員会の答弁データを
　　自民党系野党 vs **民主党系野党** で比較

<u>一般人</u>
Amazon.jp の書籍レビューを
　　保守派 vs **リベラル派** で比較

◆解説◆

　問いのスライドは、字による説明が長い、スペースの有効利用ができていないなど、これまで指摘した問題点について改善が必要です。それに加えて、情報の整理の仕方にも問題があります。

　1枚目のスライドでは、「政治思想によって言葉遣いが異なる」の具体的な説明が下になされていますが、強調する箇所が不適切であるため、重要な情報が頭に入ってきにくくなっています。

　先行研究で論点になっているのは「言葉遣い」です。ですから、答えに示したとおり、

　　「民主党」→「温かみのある言葉」、

　　「リベラル派」→「平易な言葉」

という形で、強調する箇所を工夫してポイントが自然に浮かび上がるように構造化したスライドを作ると、聴衆にとって理解しやすくなります。

　2枚目のスライドでも、情報を構造化するとより分かりやすくなります。まず気になるのが、「という2カテゴリに分割し、比較」という同じ表現を繰り返していることです。これは、無駄にスペースを消費するやりかたで、工夫すればより少ない字数で多くのことを伝えられます。

　たとえば、答えのように、「政治家」「一般人」のそれぞれの項の中で対比される二つのカテゴリを色分けしておくことが考えられます。こうすれば、対立関係が明確になり、言葉でわざわざ「2カテゴリに分割」と断っておく必要がなくなります。

聞かせる話し方

　ここまで、個々のスライドのデザインについて話をしてきましたが、もちろん、話全体の組み立て方や話し方も、オーラル発表の重要な要素になります。

◆話全体の組み立て方◆

　話全体の構成方法は、基本的には論文の構成（p.68 参照）と同じになります。最初に研究背景を話し、研究の目的を明確化します。先行研究については、研究背景の中で触れる場合もありますし、研究目的を話した後、その目的を達成するためにこれまで行われてきた研究を紹介する場合もあります。

　その後、自らの提案する手法を説明します。ここで大事になるのが、どこからが自分の新たな研究であるかを明確化することです。とくに、先行研究の紹介が研究目的よりに後になる場合、提案手法と話の順番が隣接し、その境界が曖昧になることが多いので、注意が必要です。

　続いて、提案手法の結果の説明をします。必要であれば、その結果に対して考察を加え、最後にまとめを行うという順番になります。

　聴衆の関心を集めるための工夫として、若干のバリエーションは、当然ありえます。たとえば、自分の研究成果の結果を示す動画を用意している場合、通常は後半の研究結果の中で紹介することになりますが、あえて冒頭でそれを見せるという発表方法もあります。

　動画は聴衆の注意を引くための強力なツールになります。とくに、動画の内容がインパクトのあるものならば、効果は抜群です。それを最初に見せておけば、その後の研究内容の具体的説明を真剣に聞こうという聞き手の意欲を喚起できる可能性があります。

◆話す分量◆

発表を組み立てるうえで、話す順番以上に大事なるのが、話す分量です。とくに、経験の浅い人は、自分がやったことを全て発表内容に盛り込もうとする傾向にあります。それで早口になったり、1枚のスライドの説明時間が減ったりすると、聞き手にとってはまったく何も記憶に残らない発表になります。

研究発表では、**重要な部分だけを残して、それ以外の部分をいかに捨てるか**の判断が極めて重要になります。よく言われるのは、発表時間1分につき1枚のスライドにするという基準です。しかし、これは若干厳しすぎると思います。経験上、質疑応答を含まない発表時間が10分なら15～20枚程度、15分なら20～25枚程度が一つの基準になると考えられます。

もちろん、発表で使わないことになったスライドは、まとめのスライドの後に残しておくと、質疑応答で使えることがあります。

◆発表時の上級テクニック◆

発表上級者向けのテクニックもいくつかあります。一つは、発表に**ジョークを交える**ことです。繰り返しになりますが、一般の聴衆は集中力が続きません。そういう中だるみ時にジョークを交えて会場を沸かせると、話を聞いていなかった人が再び話を聞き始めるきっかけを与えることにもなります。日本人の発表者でジョークを巧みに使える人はあまり多くありませんが、国際学会に行くとジョークを多用した発表をしばしば目にします。

また、発表でわざと聴衆が聞きたくなるような重要なポイントの説明を省いて、質疑応答でそれを聞かせるように誘導するという手もあります。発表時間が少ないとき、質疑応答の時間を使って自分の伝えたいことを言えるようにするという高等テクニックです。皆さんも、いずれはこうした発表技術を駆使できるように、研鑽していただけれ

ばと思います。

　プレゼンの話術を磨くうえでお勧めしたいのが、**自分の発表をビデオでとって観てみる**ことです。ビデオで自分の発表を聞くと、自分で話しているときには気づかない悪い癖に気づくことがあります。私自身も、昔自分の発表をビデオで確認して、「まあ」などのつなぎ言葉を間に入れすぎるとか、語尾で声が小さくなって聞き取りにくくなっているなど、自分の欠点に気づいたことがあります。こうした癖は意識をすると直すことができますから、早めに自分の悪い癖を把握して修正に努めるとよいでしょう。

　以上、技術的な指摘を多くしましたが、プレゼンを魅力的にするために欠かせないことが一つあります。それは、自分が発表する研究を自ら楽しんでいることです。自分が面白いと思っていることを他人に話すとき、その気持ちが自然に表に出てきます。逆に、発表者が楽し

んでいないことは、いくら技術を尽くしても聞き手にとって魅力的な話には感じられません。ですので、普段から自分の研究を楽しむという姿勢をぜひ持っていただければと思います。

質疑応答対策

　プレゼンの初心者にとって、一番難関に感じるのは質疑応答ではないかと思います。ここで一つクイズを出したいと思います。

Question

　　　　プレゼンの質疑応答で、質問の意図がよく分からないときはどう対応しますか？

　A：質問者に質問の意図を尋ねる。

　B：質問者の意図を想像して、想像した質問に答える。

ヒント

　限りある発表時間内で、会場にいる全員の満足の和を最大化しやすいのはどちらか考えてみよう。

Ｂの対応がお勧め。

◆解説◆

　おそらく、この質問に対して、多くの人はＡが正しい対応だと思うのではないでしょうか。しかし、私はＢの対応を勧めています。

　その理由は、質問に対していくつかの解釈がありうる場合は、聴衆の中にはあなたが想像した意図の質問をしたいと思っている人も少なからずいると考えられるからです。ですから、その想像した質問への回答をまず答えておいて、それが質問者の意図と違うならば、質問者が別の聞き方で追加質問をするはずなので、それを聞いてからその質問に答えれば、時間の節約になります。

　しばしば、発表者と質問者の間で、質問の内容の理解を巡って長い間押し問答になることがあります。しかし、これはその会場にいるその他大勢の人たちにとっては時間の無駄になります。会場にいる全員の満足の和を最大化するならば、あなたの想像で質問に答えてしまう方が得策と考えられます。

◆敵対的な質問への対応◆

　質疑応答では、慣れないうちは、想定問答集を準備しておくとある程度安心して発表に臨めます。心配なのは、敵対的な質問だと思います。日本国内の学会の場合、敵対的な質問をする人の割合が高い傾向があります（右のコラム参照）。

　もちろん、合理的な批判は真摯に受け止めるべきですが、敵対的な質問の中には、質問者の側が非合理的な場合も少なくありません。日本人学生は、そういう場合すぐ委縮してしまう傾向がありますが、相手の方が間違っていると思ったら、一歩も引かずに毅然として立ち向かうようにしましょう。そういう経験を通じて、議論の能力を鍛えることができます。

国際会議での学会発表の勧め

　国際会議での発表を経験すると、異文化を理解する機会になります。本文でも触れましたが、日本人は相手の研究内容の欠点を探して、それを指摘するような質問をする傾向が強くあります。一方、欧米人は研究内容に見るべき点があれば、それを積極的に褒めてくれます。こうした違いは、国際会議を経験した私の学生の多くにも、肌で感じられたようです。

　こう言うと日本の悪口を言っているようですが、欠点をあら捜しする日本人の文化は、故障しない完成度の高い製品を作るうえでは大きくプラスに作用するとも言えます。長所と短所が表裏であるのも面白いところです。

　また、これは日本人に限ったことではありませんが、アジア人は相手が学生の場合と年長者の場合で態度を変える人が少なくありません。ポスターやデモ展示で学生がきつい質問で苛められているところに、指導教員の私がヘルプに入ると、相手の態度が変わるということが少なくありません。欧米人でこの種の行動パターンをとる人はほとんどいません。これも文化の違いといえるでしょう。

　こういう文化の違いを若いうちに肌で経験することは、その後の人生の糧になると思います。最近は外国に行くのを億劫に感じる学生も増えていますが、機会があれば、ぜひ国際会議での学会発表に挑戦してみてください。

ポスター発表の注意点

　プロジェクターを使って壇上で話すオーラル発表の他に、ポスター発表という発表形態があります（下の写真）。一般的に、ポスター発表はオーラル発表より低く見られがちですが、説明や議論の能力を高める教育的効果という観点では、ポスター発表の方が得るものが多くあります。

　オーラル発表の場合は、自分の用意したとおりに発表すれば、あとは5分程度の質疑応答を切り抜けると終わりです。一方、ポスター発表の場合は、通常1〜3時間程度の時間が発表に割り当てられます。その間、多数の人に繰り返し自分の研究を説明することになりますし、時間も長いので質疑応答のやりとりも濃密なものになります。

　ポスター作成の要領はスライドに準じます。ただし、大判プリンターでポスターを印刷する場合、単に複数のスライドを並べるのとは違って、スペースを大小自由に使えます。また、スライドの場合は時間軸という1次元の流れしかありませんが、ポスターの場合は縦横2次元の軸がありますので、2軸をうまく活かした情報配置をすると、より分かりやすいポスターになります。

ここで一つクイズです。

Question

横長のポスターの場合、次のどちらの順番に情報を
並べた方がよいでしょうか？

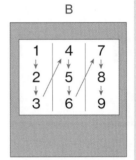

ヒント
ポスターの前での聴衆の流れを考えてみよう。

Bの並べ方がお勧め。

◆解説◆

　私がお勧めしているのはBの方です。理由は、聴衆の人の流れです。Bの場合、最初の人はポスターを読み始めると向かって左から右に流れていき、そこで空いた左側のスペースに新しい人が入ってポスターを最初から読めるという形になります。一方、Aの場合、読む人が左から右に流れ、また左に戻るので人が交錯します。

◆ポスター発表での注意点◆

　ポスター発表で一番気をつけていただきたいのは、オーラル発表と同じ調子で自分の研究内容について10分あるいはそれ以上延々と説明をしないようにすることです。聴衆はいろいろなポスターを回ってみたいと思っているはずです。一箇所で長く足止めをされると、他のポスター発表を聞けなくなってしまいます。

　ポスター発表の場合、**3分程度で研究の全容を手短に話す**簡略の説明パターンを用意しておき、興味のある人に対してはそれ以上の情報を順次提供していくというスタイルをとることを強く推奨します。

　ポスター発表でしばしば見かけるのが、字が多いポスターです。たしかに、オーラル発表と違い、ポスターは自分のペースで説明文を読めるので、字を多くしても大丈夫だろうと思いがちです。しかし、立ちながら字を読むというのはそれなりに苦痛を伴います。ですので、**字の量はスライドに準じる程度に抑える**ことをお勧めします。

　ポスター発表で私が好むスタイルは、ポスターに書き込みながら説明する形式です。図にダイナミックに要点や補足情報を書き込みながら話すと、聞き手にとって分かりやすい説明になることが多くありますので、機会があればぜひ試していただきたいと思います。

外国語でのプレゼン方法

　初心者にとっては、日本語での研究発表も大変なのに、英語で研究発表をするとなると、とくに英語の苦手な人にとっては大変な精神的負担になるでしょう。ここでは、初心者にも簡単にできる外国語での発表の準備方法を紹介します。

　なお、理系の人間が外国語で発表する場合、使用言語は基本的に英語になりますので、ここでの説明も英語での発表を前提にして話を進めますが、他の外国語での発表にも応用できる内容になっています。

原稿の準備の仕方

　理系の学生で英語が得意な人はそれほど多くありません。英語が苦手な人にとって、英語でのプレゼンは高いハードルに見えるようです。けれども、準備方法さえ間違えなければ、とくにオーラル発表はそれほど難しくはありません。

　理工系の国際学会でプロシーディング（予稿）論文をすでに提出している場合、研究内容の英語での説明はそこに書かれていますから、基本的には各スライドの原稿として、論文中の対応する説明箇所を貼り付けていけば、原稿はほぼ完成です。

　もちろん、最も理想的なのは原稿を暗記することですが、それは時間的にも難しいことが多いでしょう。ですので、原稿を読むスタイルでの発表でも構いません。ただ、原稿を読む形であっても、発表をよりよいものにするための工夫は、ぜひ実践していただきたいと思います。

◆よりよいプレゼンのための工夫◆

　まず、一つ目としては、話し言葉を意識することです。論文の文章をそのまま原稿にすると、話し言葉としては固すぎる表現が多くあります。オーラル発表の原稿では、Therefore は So、However は But に直した方が自然な話し言葉になります。

　二つ目として、原稿を読み上げソフトに入力して、それを何度も聞いて真似ができるように練習してください。日本人の英語は、外国人にとっては聞き取りくい英語です。とくにアクセントを外すと、理解してもらうのは難しくなります。現在の読み上げソフトは、ほぼ正確で自然な発音をしてくれますから、これを活用しない手はありません。

　ちなみに、読み上げソフトがない時代、私の学生が英語で発表するときは、私が原稿を読んでパソコンに録音し、それを聴かせて練習させていました。その頃のことを想像してもらえば、今がいかに恵まれた時代かがよく分かるでしょう。

　三つ目として、これが最も重要なのですが、原稿には下の枠内の色字部分のような「ト書き（演出の説明書き）」を入れて、発表時にはそのト書きのとおりのアクションを入れるようにしてください。

> The distance between the lens and the panel（レンズとパネルの間を指す）is the same as the focal distance of the lens.

　これは聞き手として経験があるのではないかと思いますが、発表者が原稿を読むだけの発表は、単調で退屈なものになりがちです。そもそも、せっかくスライドがあるのに、発表者がずっと原稿の方を見てそれを読んでいるだけでは、現在スライドのどの部分について説明がなされているのかが、聴衆には理解できません。

　そこで、原稿に上のようなト書きを入れて、スライドの該当箇所を

レーザーポインターで指しながら原稿を読むようにすれば、聞いている人にとっては内容が格段に分かりやすくなります。

なお、ト書きは英語ではなく、慣れた日本語で書くことをお勧めします。その方が瞬時に読み取れますし、スライドを指してから原稿に戻ったとき、どの部分から読み始めればよいか分かりやすくなります。

◆やってはいけない発表法◆

最後に、外国語の発表でときどき見かける、やってはいけない発表形態があるので、注意喚起しておきます。それは、スライドに読み上げる文章を書いておいて、スライドを見ながらそれを読む方式です。もちろん、これは日本語でもやってはいけないことですが、外国語での発表の場合、この形で発表を切り抜けようとする人が少なからずいます。

しかし、この方式ではスライド内の文字量が多くなりすぎで、スライドが非常に分かりにくくなります。前節までで述べた、分かりやすいスライド作りとは両立しません。

今では、パワーポイントの機能で、手元で各スライドに対応する原稿を表示できるようになっています。ですから、スライドはできるだけ文字数を減らして見やすくし、読み上げる文章は手元にだけ表示するようにしましょう。

・論文表現 → 話し言葉
・原稿読み上げソフトを利用
・ト書きを入れる
・スライドを原稿代わりにしない

口頭発表の意外な盲点

　原稿を準備万端に用意したつもりでも、実際の発表でつまずく意外な盲点があります。それは数式の読み方や記号の読み方です。日本人は日本語で理数系科目を勉強していますから、数式はその内容を理解できても、英語でどう読むかはほとんど知りません。そのため、発表の際にその部分でつまずいてしまうことがよくあります。

　参考までに、下の表 4.1 によく出てくる数式の読み方を挙げておきます。もちろん、数式には他にも多くのバリエーションがありますから、自分の論文の中に含まれる記号・数式については、その英語での読み方について十分調べておくようにしましょう。

表 4.1　よく出てくる数式の読み方

式	読み方（一例）
$x = y$	x equals y または x is equal to y
$x \times y$	x times y または x multiplied by y
$x \div y$	x divided by y
$1 / 4$	a quarter または one forth
$3 / 10$	three tenths
x / y	x over y
$f(x)$	f of x
2^n	two to the n(th power)
$\log_2 4$	log based two four
x_i	x sub i

　もちろん、最悪の場合は、スライドの式を指し示しながら、

　　"It goes like this !"（ここに書かれているとおりになる）

と言ってしまえば何とかなります。

　一番やってはいけないのは、苦笑いでごまかすことです。これは日本人にしか通じない文化です。**英語の発表で、笑ってごまかすことだけは絶対しないようにしてください。**

英語での質疑応答対策

◆オーラル発表の場合◆

　オーラル発表における最大の難関は質疑応答ですが、それが英語での発表ならなおさらです。おそらく、多くの日本人にとって一番の心配事は質問が聞き取れないことでしょう。実際、私もこれまで国際会議に数多く出席してきましたが、英語での質問を問題なく理解して答えている日本人研究者はそれほど多いとはいえません。

　私が学生に勧めている対処方法は、**あらかじめ可能性のある質問を何種類かに分けておいて、今聞かれた質問がそのうちのどれに最も近いかを聞き取れた単語から類推する**方法です。これで、質疑応答をうまく切り抜けられることは少なくありません。

◆ポスター発表の場合◆

　一方、ポスター発表の場合は、質疑応答の時間がさらに長くなりますので、オーラル発表と同じような対処法だけで乗り切ることはなかなか難しいと思います。逆に言うと、英語力を強化したい場合、ポスター発表はオーラル発表よりもはるかによい勉強の機会になります。

　ポスター発表では、質問の答えをどう英語で表現してよいか分からなくて途中で詰まった場合、それまでの説明の流れを受けて、相手が「お前が言いたいのはこういうことか」とフォローしてくれることがあります。すると、次の人に説明するとき、**フォローしてくれた外国人が使っていた英語表現をそのまま借りて説明**できます。それを繰り返していくうちに、自然と自分の研究を説明する表現力がついていきます。当然ながら、こうした学習を機能させるには、一定以上のリスニング能力は必要です。

◆デモ展示の場合◆

　ポスター発表よりも、さらに英語力を鍛える機会になりうるのがデモセッションやエグジビション（展示会）でのデモ展示です（下の写真を参照）。一般に、これらのデモの時間はポスターセッションよりも遥かに長く設定されます。ですので、英語で質疑応答する練習の場としては最適です。企業に就職後、エグジビションで説明員の役割を担う可能性もありますから、その意味では大変よいトレーニングの機会になると思います。

　なお、最近は音声認識ソフトもかなりの勢いで進歩しており、数年後にはそれを質疑応答での質問の聞き取りに使えるようになるかもしれません。人工知能やIT技術は日進月歩なので、テクノロジーの動向をウォッチして、使えるものは積極的に取り入れていってほしいと思います。

作文・プレゼンの経験を就活に活かす

大学生、大学院生にとって研究と同じ、いやそれ以上に大事なのが就職活動です。建前としては学生の本分は学業ですが、学生が自身の人生を考えたとき、就職活動の方が大事だと思うのは自然なことです。

実は、本書で述べてきた論文作成や研究発表の技法は、就職活動におけるエントリーシートの書き方や採用面接の局面でも応用できます。しかし、そのことを自覚している学生はそれほど多くありません。

研究論文では、自分の行った研究をいかに客観的かつ理解しやすいように人に伝えるかを考えて作文します。エントリーシートを書く場合も、それと同じスタンスで作文することが重要になります。

エントリーシートの場合、伝える内容は「自分自身」になります。その自分の特徴をいかに客観的に相手に伝えるかを考えなければなりません。

私は、学生のエントリーシートの添削をしばしばします。そこでよく遭遇するのが、自分の体験談を自分視点で日記調に書いているエントリーシートです。たとえば、自分が努力したこととして、「バスケットボール部で自分なりに練習を工夫して、シュートがうまくなった」といった作文をしているケースがありました。

しかし、この書き方ではその努力がどの程度価値のあるものだったのかが客観的に伝わりません。たとえば、「その練習の結果、県大会の1回戦で20得点を挙げた」とか「県大会でベスト8に進出した」のように、自らの努力の成果を客観的に評価できる指標を合わせて提示しないと、自分以外の人にはその価値が伝わりません。

面接についても同じです。研究発表で普段伝えている「研究」を「自分」に置き換えて、あとはその自分を客観的かつ分かりやすく伝えるようなプレゼンテーションをすれば、正当な評価を得られやすくなります。

なお、私の研究室では『銀のアンカー』(集英社)という就活漫画を書棚に常備しており、就職活動の前に学生に読むように勧めています。ここで書いたように、客観的な証拠を提示することの重要性についても触れていますので、興味があれば就活前にぜひ読んでみてください。

より深く学ぶために

　本書は、初学者が基本的な知識を早く身に着けるために、要点だけを絞って書いたものです。ですから、この本を読めば研究者として知っておくべきことが全て理解できたというわけではありません。今後、研究者としての常識をより確固たるものにするのに役立つ教材を、最後に紹介しておきます。

▶ 第1章　研究の"常識"

　1.1節の科学とは何かについては、拙著『学問とは何か』（大学教育出版）[3]で詳しく論じています。1.5節の研究倫理の基礎知識については、田中智之、小出隆規、安井裕之著『科学者の研究倫理』（東京化学同人）[15]がコンパクトによくまとまっています。また、所属機関が一般社団法人公正教育推進協会（APRIN）と契約している場合、同協会の E-learning 教材には1.1節～1.5節の全てに該当する詳細な記述がありますので、アクセスしていただけるとより深く勉強できます。

▶ 第2章　卒論・投稿論文の"常識"
▶ 第3章　科学技術英語文の"常識"

　理系論文の作文法を詳しく解説した古典的教科書として、日本語については木下是雄著『理科系の作文技術』（中公新書）[16]、英語については杉原厚吉著『理科系のための英文作法』（中公新書）[17]があります。いずれもよくできた本ですが、若干古さを感じる部分は否めません。

　本文にも書きましたが、作文力は読書量に比例しますので、日本語・英語のいずれも、それぞれの言語でかかれた論文、あるいは一般の文章（編集が入ったもの）を普段から地道に読み続けてほしいと思います。とくに、論文を読む場合は、本書に書いた注意点を意識しながら

読むと、単に漫然と読むよりも作文力向上に効果があると思います。

▶ 第4章　研究発表・プレゼンの" 常識"

　宮野公樹著の3冊、『PowerPoint スライドデザイン』（化学同人）[18]、『学会ポスターのデザイン術』（化学同人）[19]、『研究発表のためのスライドデザイン』（講談社）[20]がお薦めです。これらの本に書かれているレベルのスライドやポスターが作れるようになれば、超一流のプレゼンターになれるでしょう。

参考文献

[1] カール・ライムント・ポパー著，大内義一，森博 訳，『科学的発見の論理』，恒星社厚生閣，1971.

[2] 『大辞林 第三版』，三省堂，2006.

[3] 掛谷英紀，『学問とは何か－専門家・メディア・科学技術の倫理－』，大学教育出版，2005.

[4] Ben Shapiro, "The right side of history", Broadside Books, 2019.

[5] クリストフ・シャルル，ジャック・ヴェルジェ 著，岡山茂，谷口清彦 訳，『大学の歴史』，白水社，2009.

[6] 阿部謹也，『中世の星の下で』，筑摩書房，2010.

[7] Kakeya, H., Okada, T., and Oshiro, Y., "3D U-JAPA-Net: Mixture of Convolutional Networks for Abdominal Multi-Organ CT Segmentation," Proc. MICCAI 2018, pp. 426-433, 2018.

[8] 社会実情データ図録，https://honkawa2.sakura.ne.jp/

[9] ロバート・ゲラー，『日本人は知らない「地震予知」の正体』，双葉社，2011.

[10] 掛谷英紀，『学者のウソ』，ソフトバンククリエイティブ，2007.

[11] 古市憲寿．『古市くん、社会学を学び直しなさい‼』，光文社，2016.

[12] 大井恭子，『「英語モード」でライティング　ネイティブ式発想で英語を書く』，講談社インターナショナル，2002.

[13] ウィンストン・チャーチル著，毎日新聞社訳，『第二次大戦回顧録　抄』，中央公論社，2001.

[14] 晴山陽一，『英語は動詞で生きている』，集英社，2005.

[15] 田中智之，小出隆規，安井裕之，『科学者の研究倫理』，東京化学同人，2018.

[16] 木下是雄，『理科系の作文技術』，中央公論新社，1981.

[17] 杉原厚吉，『理科系のための英文作法』，中央公論新社，1994.

[18] 宮野公樹，『PowerPoint スライドデザイン』，化学同人，2009.

[19] 宮野公樹，『学会ポスターのデザイン術』，化学同人，2011.

[20] 宮野公樹，『研究発表のためのスライドデザイン』，講談社，2013.

著者略歴

掛谷 英紀（かけや・ひでき）
- 1993 年　東京大学 理学部 生物化学科 卒業
- 1995 年　東京大学 大学院工学系研究科 計数工学専攻 修士課程 修了
- 1998 年　東京大学 大学院工学系研究科 先端学際工学専攻 博士課程 修了
- 　　　　　博士（工学）

通信総合研究所（現・情報通信研究機構）研究員、筑波大学機能工学系講師などを経て、現在筑波大学システム情報系准教授。3 次元画像工学、人工知能などの研究に従事。実用英語技能検定 1 級。大学、大学院で技術者倫理関連科目を長年担当しており、2016 年より一般財団法人公正研究推進協会理工学系分科会委員を務める。

＜著書紹介＞

- 学問とは何か（大学教育出版）
- 学者のウソ（ソフトバンク クリエイティブ）
- 「先見力」の授業（かんき出版）

編集担当	村瀬健太（森北出版）
編集責任	藤原祐介（森北出版）
組　版	ビーエイト、オセロ
印　刷	日本制作センター
製　本	同

知ってますか？ 理系研究の"常識"
研究・論文・プレゼンの作法　　　　　　　　　　　　　Ⓒ 掛谷英紀　2020

2020 年 7 月 31 日　第 1 版第 1 刷発行　　　　【本書の無断転載を禁ず】
2022 年 8 月 25 日　第 1 版第 2 刷発行

著　　者　掛谷英紀
発 行 者　森北博巳
発 行 所　森北出版株式会社
　　　　　東京都千代田区富士見 1-4-11（〒 102-0071）
　　　　　電話 03-3265-8341／FAX 03-3264-8709
　　　　　https://www.morikita.co.jp/
　　　　　日本書籍出版協会・自然科学書協会 会員
　　　　　JCOPY ＜（一社）出版者著作権管理機構 委託出版物＞

Printed in Japan／ISBN978-4-627-97361-9